学 Photoshop CS4

卓越文化　编著

电子工业出版社

Publishing House of Electronics Industry

北京·BEIJING

内 容 简 介

本书详细地介绍了图形图像处理软件Photoshop CS4的使用方法，内容包括开启Photoshop的设计之门、平面设计前奏——准备素材、调整图像的色调和色彩、修饰图像、选区的创建与编辑、绘制简单图像、通过路径绘制图像、图层的一般应用、图层的高级应用、文字的输入与编辑、通道与蒙版、滤镜的应用、动作与批处理图像、图像的打印与输出以及平面广告设计。

本书版式清晰，语言浅显易懂，每章以"知识讲解+互动练习+上机练习"的方式进行讲解，同时配有卡通人物的情景对话，可使读者学习起来更加轻松。本书各页页脚位置还列出了一些技巧和说明性文字，介绍与该页内容相关的概念或操作技巧，大大提高了图书的知识含量。另外，本书所用素材及案例可供读者免费下载。

本书适合Photoshop初学者使用，可作为图像处理人员、平面设计人员、学生和办公室人员等的自学参考书，也可作为各种相关培训班的教学用书。

图书在版编目（CIP）数据

学Photoshop CS4 / 卓越文化编著.—北京：电子工业出版社，2009.8
（新手训练营）
ISBN 978-7-121-09129-2

Ⅰ. 学… Ⅱ.卓… Ⅲ.图形软件，Photoshop CS4 Ⅳ.TP391.41

中国版本图书馆CIP数据核字（2009）第104949号

责任编辑：董　英
印　　刷：北京东光印刷厂
装　　订：三河市鹏成印业有限公司
出版发行：电子工业出版社
　　　　　北京市海淀区万寿路173信箱　　邮编：100036
开　　本：787×1092　1/16　　　　印张：21　　字数：538千字
印　　次：2009年8月第1次印刷
定　　价：35.00元

凡所购买电子工业出版社图书有缺损问题，请向购买书店调换。若书店售缺，请与本社发行部联系，联系及邮购电话：（010）88254888。

质量投诉请发邮件至zlts@phei.com.cn，盗版侵权举报请发邮件至dbqq@phei.com.cn。

服务热线：（010）88258888。

前　言

　　您还在为想学电脑而不知从何处着手烦恼吗？您还在怀疑自己能不能学好电脑吗？您还在书海里徘徊不知该如何选择一本电脑书吗？如果您的回答是肯定的，那么请赶快走进《新手训练营》吧！这里的"博士"将从一个电脑初学者的角度出发，循序渐进地讲解每一个知识点，手把手地教您一步一步操作，并融入大量的学习技巧，使您在最短的时间内以最快捷的方式学到最实用的知识，迅速成为高手。

 　　大家好，欢迎来到《新手训练营》！我从事电脑教学工作多年，喜欢钻研电脑知识，大家都叫我"博士"。我上课时非常负责，不但耐心地解答大家提出的各种问题，还经常讲一些学习的方法和技巧，一定会让大家轻松地学到丰富的电脑知识。

 　　我是聪聪，性格活泼开朗，动手能力强，正在跟"博士"一起学电脑。在课堂上，我喜欢积极地提出问题，并能运用到实际中，但偶尔也会犯点儿小错误。

 　　我是活泼可爱的小机灵。在课堂上我喜欢发言，有时会惹得聪聪不高兴，不过我说的话可都是经验之谈，总结了学习中的点点滴滴。

本书主要特点 ——————————————————————————— <<

　　本书融合了市场上同类书籍的特点及优势，在讲解思路和讲解方式上进行了创新。

- ■ **"知识讲解＋互动练习＋上机练习"的学习模式**：读者在学习完知识点后就可以通过"互动练习"上机实践，进而掌握其应用方法。每一章最后的"上机练习"只给出最终效果或结果、制作思路以及步骤提示，引导读者独立完成操作。

- ■ **任务驱动，情景式教学**：在"互动练习"中会列举一个目标明确的小实例，以任务驱动的方式帮助读者巩固知识。还将可能会遇到的问题、相关技巧和注意事项等以对话的形式体现出来，帮助读者在轻松愉快的情景中进一步提高。

- ■ **一步一图，可操作性强**：本书采用图解的方式讲解操作步骤，并以小标题的形式列出该步骤的操作目的或要点，使读者知其然且知其所以然，然后用 **1**，**2** 和 **3** 等序号列出具体操作步骤，并与插图对应，可操作性非常强。

- ■ **技巧丰富，知识含量高**：为了便于读者学习更丰富的知识和掌握任务练习中的要点及技巧，图书在各页页脚位置列出了一些技巧和说明性文字，介绍与该页内容相关的概念或操作技巧，大大提高了图书的知识含量。

本书内容结构 ——————————————————————————— <<

　　本书从初学者学习Photoshop CS4需要掌握的知识点出发，逐步深入，一步一步全面讲解相关知识。全书共15章，从内容上可分为以下5个部分。

- ■ **第1部分　平面设计的准备工作（第1章～第2章）**：主要讲解Photoshop CS4的应用范围、工作界面、处理对象和如何收集管理素材图像等。
- ■ **第2部分　图像处理的基本方法（第3章～第4章）**：主要讲解调整图像的色彩和色调、去除多余的景物、去除杂点、复制图像和改变照片背景等。
- ■ **第3部分　图像的绘制和合成方法（第5章～第10章）**：主要讲解通过创建选区限制绘图区域，利用画笔工具、渐变工具和形状工具绘制简单的图像，利用路径绘制复杂的图像，利用图层合成图像以及文字的输入与编辑等。
- ■ **第4部分　图像处理的高级技法（第11章～第14章）**：主要讲解通道、蒙版和滤镜的使用，以及动作、批处理和图像的打印等。
- ■ **第5部分　平面广告设计的详细过程（第15章）**：主要介绍平面广告设计的基本知识，讲解日常生活中常见的地产广告、数码产品广告和包装设计从构思到制作完成的全过程。

本书使用建议 ————————————————————— <<

为了更加高效地利用本书学好Photoshop CS4，下面为读者提供几点使用本书的建议。

- ■ 在阅读本书之前，建议读者准备一些图片素材。读者既可以使用自己现有的图片作为素材，也可以访问"华信卓越"公司网站（www.hxex.cn）的"资源下载"栏目查找并下载本书所用的素材及案例。
- ■ 对于包含"知识讲解"与"互动练习"两个部分的章节，首先通读"知识讲解"内容以掌握知识点内容和操作思路，然后阅读"互动练习"部分以了解具体操作步骤，最后在电脑上跟随"互动练习"进行操作以掌握操作方法，并查看最终效果。
- ■ 每一章的"上机练习"可以帮助读者巩固前面所讲的知识点，从而达到举一反三的效果，因此建议读者学习完每一章之后，一定要完成该章提供的"上机练习"，并总结自己对本章内容的掌握情况，进行查漏补缺。
- ■ 鉴于读者对于Photoshop CS4的了解程度深浅不一，本书在写作上力求知识点全面，并且降低"门槛"，从最基础的知识点讲起。对于部分已经具备一定图形图像处理知识的读者，阅读时可跳过第1部分的相关章节。

本书作者及联系方式 ————————————————— <<

本书的作者均已从事电脑教学及相关工作多年，拥有丰富的教学经验和实践经验，并已编写、出版过多本相关书籍。参与本书编写的人员有：罗亮、成秀莲、黄波、唐红、刘霞、袁洪川、朱爱平、陈玲、周丽、李光炬、尹川、唐波、喻玲、陈亚妮、唐锐。

在阅读本书的过程中如有什么问题或建议，请通过以下方式与我们联系。

- ■ 网站：faq.hxex.cn
- ■ 电子邮件：faq@phei.com.cn
- ■ 电话：010-88253801-168（服务时间：工作日9:00~11:30，13:00~17:00）

目　　录

第1章　开启Photoshop的设计之门

- 了解Photoshop CS4的用途
- 认识Photoshop CS4的界面
- 认识图像模式
- 调整图像与画布大小

博士，听说使用Photoshop可以对照片进行各种处理，Photoshop真有那么强大的功能吗？

Photoshop CS4是Photoshop的最新版本，使用Photoshop CS4可以对照片进行美化，制作出精美的效果。同时，Photoshop CS4也被广泛地应用在平面设计领域中。

看来Photoshop CS4的作用还真不小呢！博士，您给我们详细地讲讲吧！

1.1　了解Photoshop CS4的用途 ————————————— <<

　　Photoshop CS4是集图形设计、编辑、合成以及高品质输出功能于一体的图形图像处理软件，也是目前图形图像处理软件中功能最强大的软件之一。Photoshop CS4被广泛应用于平面设计、照片制作和CG绘画等多个领域，受到广大设计者的青睐。

>> 1.1.1　文字设计

　　文字是平面设计中的一个重要元素，主要用于标题和内容叙述。通过对文字的字体、字号、颜色和排列方式等进行设计，可以最直接地表达设计意图。

>> 1.1.2　商标设计

　　商标设计也是平面设计的一个重要领域。商标是企业或商品的标志，是企业的无形资产，代表其精神和形象，表现形式需简练而有创意。

>> 1.1.3　广告设计

　　Photoshop CS4也常用于广告设计，使用Photoshop CS4不仅可以制作一般的招贴，还可以制作手册式的宣传广告。

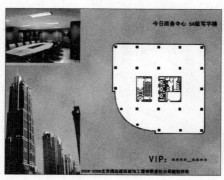 

说明 报纸和杂志设计也属于平面广告设计的范畴。

>> 1.1.4　包装设计

　　包装是品牌理念、产品特性和消费心理的综合反映，它直接影响消费者对产品的购买欲。包装设计是针对商品外部包装的平面设计，其主要目的是运用平面设计的方法对商品包装的版面、结构及其他有关内容进行设计。

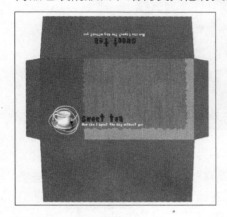 

>> 1.1.5　网页设计

　　网页是使用多媒体技术在计算机网络与用户之间建立的一组具有展示和交互功能的虚拟界面。在网页设计的前期，可以使用Photoshop CS4对其配色、排版、网站架构、网页logo和banner等进行设计。

>> 1.1.6　照片设计

　　Photoshop CS4的图像修饰工具在照片处理中发挥着巨大的作用，利用Photoshop CS4可以对照片进行美化和添加特效等操作。

>> 1.1.7　插画设计

利用Photoshop CS4进行绘画，不仅能得到逼真的传统绘画效果，而且还可以实现普通画笔无法达到的特殊效果，因此Photoshop CS4也备受许多画家的青睐。

>> 1.1.8　效果图后期设计

人们看到室内或室外建筑效果图时，往往会被其逼真的场景所吸引，实际上这些场景中的人物、地面和树木等画面元素都是后期加入的。Photoshop CS4就是进行后期处理的主要软件，它可以为一个单调的室内或室外模型添加丰富的配景效果。

1.2　走近Photoshop CS4 ———————————— <<

Photoshop CS4的工作界面是指启动程序后在电脑桌面上显示的软件运行结果，它是进行平面设计的载体，只有认识了它才能进行平面设计的各项操作。

>> 1.2.1　安装Photoshop CS4

在使用Photoshop CS4编辑图像前需要对软件进行安装，用户只需根据软件中的安装说明进行安装即可。

 聪聪，安装Photoshop CS4要求系统内存最低为512MB，但因为Photoshop CS4带有多项插件，所以要求内存最好为1GB以上。安装Photoshop CS4时所需时间可能较长。

>> 1.2.2　启动Photoshop CS4

安装完Photoshop CS4后就可以通过不同的方法启动它了，下面介绍两种常用的启动方法。

1. 通过"开始"菜单启动

安装Photoshop CS4后会自动将启动程序放置在"开始"菜单中，依次选择"开始"→"所有程序"→"Adobe Photoshop CS4"命令，即可启动Photoshop CS4。

2. 通过桌面快捷方式启动

安装Photoshop CS4后，在桌面上会生成快捷启动方式图标 Ps，双击该图标即可启动Photoshop CS4。

博士，在我的电脑桌面上没有出现Photoshop CS4的快捷启动方式图标怎么办？

你只需在桌面上创建一个快捷启动方式就可以了。打开Photoshop CS4的安装文件夹，在Photoshop文件上单击鼠标右键，在弹出的快捷菜单中依次选择"发送到→桌面快捷方式"命令即可。

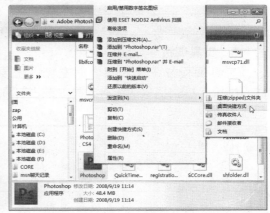

>> 1.2.3 认识Photoshop CS4的工作界面

Photoshop CS4在以前版本的基础上进行了改进和完善，重新设计了界面样式，并增加了许多新功能。

1. 菜单栏

菜单栏位于Photoshop CS4的顶端，菜单栏的最左侧显示Photoshop的版本号，在菜单栏的右侧，有一些应用按钮，比如抓手工具、缩放工具、旋转视图工具和文档排列等。

2. 选项栏

选项栏用于设置当前被选择工具的各项参数，根据选择的工具不同，选项栏会实时发生变化。例如选择"钢笔工具" 和"抓手工具" 时，选项栏中的参数分别如下图所示。

3. 工具调板

工具调板位于工作界面的左侧，主要用于选择、编辑和绘制图像，其中包含了Photoshop CS4提供的所有工具。单击工具调板顶部的折叠按钮 ，工具调板将双列显示。

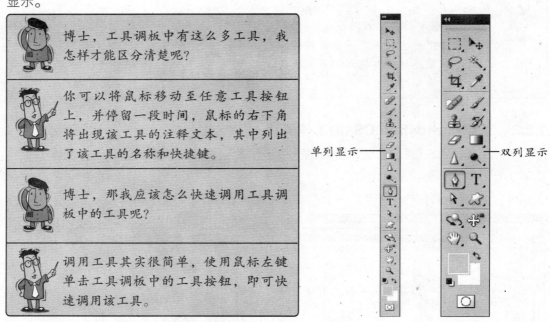

单列显示 —————— —————— 双列显示

在工具调板中，部分工具图标的右下角带有一个黑色小三角标记，它表示该工具位于一个工具组中，其中还包含多个子工具。在工具按钮上按住鼠标左键不放或单击鼠标右键，即可显示该工具组中隐藏的工具。

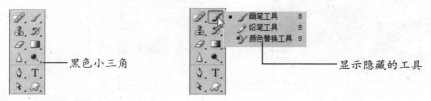

黑色小三角 —————— 显示隐藏的工具

4. 调板组

调板组是Photoshop CS4工作界面中非常重要的一部分，在这里可以进行编辑图层、新建通道、编辑路径和选择颜色等操作。系统默认调板组中最左侧的选项卡对应的调板为当前工作调板，要激活某个调板，只需单击调板对应的选项卡即可。

当前调板

单击

激活

博士，如果我所需要的调板没有显示在工作界面中那该怎么办呢？

单击"窗口"菜单，在弹出的下拉菜单中列出了很多调板，你只需在下拉菜单中勾选需要的调板即可。

根据需要，可以对调板组进行拆分和移动，只需拖动调板对应的选项卡到相应的位置后释放鼠标即可。

Photoshop CS4内置了17个调板，分别存放在7个调板组中，除了垂直停放的3个调板组外，其他4个调板组以图标的形式垂直停放于调板组的左侧。单击相应的图标，即可最大化显示该调板组。单击最大化显示后的调板右上角的▶▶按钮，又可以将该调板组折叠为图标。

单击该按钮可展开相应的调板组

单击该按钮可折叠为图标

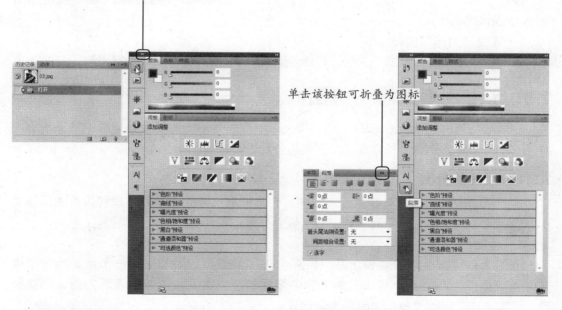

单击调板组顶部左侧的◀◀按钮，可以同时展开所有调板组，再次单击则重新折叠为图标面板；单击调板组右侧的▶▶按钮，可以将垂直停放的3个调板组以图标的形式显示，再次单击将重新展开。

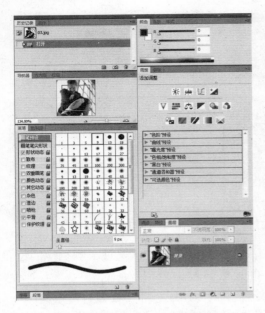  

>> 1.2.4 退出Photoshop CS4

退出Photoshop CS4的方法有多种，下面介绍最常用的两种退出方法。

1. 通过"文件"菜单退出

依次选择"文件"→"退出"命令，或按下"Alt+Q"组合键，即可快速退出
Photoshop CS4。

2. 通过"关闭"按钮退出

单击工作界面右上角的"关闭"按钮 ⊠，即可快速退出Photoshop CS4。

1.3 认识处理对象——图像 ——————————<<

在学习使用Photoshop CS4处理图像之前，应先了解一些图像处理中的常见术语，
如位图、矢量图、分辨率和像素等，下面将分别进行讲解。

>> 1.3.1 图像的分类

计算机中图像的基本类型是数字图像，它是以数字方式记录、处理和保存的图像文
件。根据图像的生成方式不同，可以将图像划分为位图和矢量图两种类型。

1. 位图

位图又被称为点阵图或像素图。位图由许多的点组成，其中每一个点即为一个像
素，也就是说位图的大小和质量由图像中像素的多少决定。位图的表现力强、细腻精
致、层次丰富，可以模拟出逼真的图像效果。

位图图像可以通过数码相机或扫描仪获得，也可以通过Photoshop或Painter等图形
图像软件生成。当位图图像在屏幕上以高缩放比例显示时，可以观察到组成图像的块状
像素。

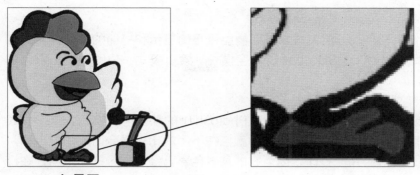

2. 矢量图

矢量图又称矢量形状或矢量对象，它由点、线、面等元素组成。矢量图只能通过Illustrator或CorelDRAW等软件生成。矢量图不记录像素的数量，在任何分辨率下，对矢量图进行任意缩放，其清晰度和光滑度不受影响。

>> 1.3.2　分辨率

分辨率是指单位长度内像素的多少。单位长度内像素越多，分辨率越高，图像就相对越清晰。分辨率有多种类型，可以分为图像分辨率、显示器分辨率和打印机分辨率等。

1. 图像分辨率

图像分辨率是指图像中每单位长度所包含的像素数目，常以"像素/英寸"（ppi）为单位表示。分辨率越高，图像文件所占用的空间就越多，编辑和处理它所需的时间就越长。

2. 显示器分辨率

显示器分辨率是指显示器上每单位长度显示的像素数目，常以"点/英寸"（dpi）为单位来表示。

3. 打印机分辨率

打印机分辨率的测量单位是油墨点/英寸，也称为"dpi"，是指打印机、扫描仪或绘图仪等图像输出设备在输出图像时每英寸所产生的油墨点数。

打印机分辨率不同于图像分辨率，想要产生较好的输出效果，就要使用分辨率与图像分辨率成正比的输出设备。通常扫描分辨率为300dpi即可达到高分辨率的输出需要。

>> 1.3.3　颜色模式

颜色模式是指图像中颜色的分配方式，是图像能否正确显示和打印的重要保障。常用的颜色模式有RGB、CMYK、HSB、Lab、灰度模式、索引模式、位图模式、双色调模式和多通道模式等。

1. RGB模式

RGB模式是最佳的图像编辑色彩模式，也是Photoshop的默认色彩模式。RGB模式下的图像是由红（R）、绿（G）和蓝（B）三种颜色按不同的比例混合而成的，也称为真彩色模式。RGB模式一般不用于打印，因为它的某些色彩已经超出了打印范围，在打印一幅真彩色的图像时，会损失一部分亮度，且色彩会失真。

2. CMYK模式

CMYK模式下的图像由青（C）、洋红（M）、黄（Y）和黑（K）四种颜色组成，是印刷图像时经常使用的一种颜色模式。

3. HSB模式

HSB模式是基于人的眼球对颜色的观察来定义的，通过色相、饱和度和明度来表现颜色。在HSB模式中，H表示色相（Hue），S表示饱和度（Saturation），B表示明度（Brightness）。

4. Lab模式

Lab模式是国际照明委员会发布的色彩模式，由RGB三原色转换而来，是RGB模式转换为HSB和CMYK模式的桥梁，同时也弥补了RGB和CMYK两种色彩模式的不足，该模式的色彩由一个发光串和两个颜色轴组成。

5. 灰度模式

灰度模式下的图像只有灰度而没有彩色，最多可达256级灰度。当一个彩色文件被转换为灰度模式时，Photoshop将图像中的色相以及饱和度等有关色彩的信息消除，只留下亮度。灰度值可以用百分比来表示，0%代表白色，100%代表黑色，调色板中的K值用于衡量黑色油墨量。

6. 索引模式

索引模式又称为映射颜色，索引模式下的图像根据系统预定义好的一个含有256种典型颜色的对照表寻找图像最终显示的颜色值。使用索引颜色不但可以有效地缩减图像文件的大小，而且能适度保持图像文件的色彩品质，适合制作放置于Web页面上的图像文件或多媒体动画。

7. 位图模式

位图模式下的图像只以黑白两种颜色来表示，因此也叫做黑白图像。它的每一个像素都用1bit的位分辨率来记录，所需的磁盘空间最小。

8. 双色调模式

双色调模式下的图像通过1~4种自定义油墨创建单色调、双色调、三色调和四色调的灰度图像。

9. 多通道模式

多通道模式包含多种灰阶通道，每一通道由256级灰阶组成。这种模式适用于有特

说明 依次选择"图像"→"模式"命令，在弹出的子菜单中可实现颜色模式的更改。

殊打印需求的图像。当RGB或CMYK色彩模式文件中任何一个通道被删除时，即会变成多通道色彩模式。

>> 1.3.4　图像与画布大小

图像有大小之分，图像的大小可以由宽度和高度决定，也可以由分辨率决定。按住"Alt"键后单击文档窗口底部的状态栏，在弹出的提示面板中即可查看图像的大小和分辨率。画布是指文档窗口中的可编辑区域，其中也包括像素未分布区域。

1．调整图像大小

依次选择"图像"→"图像大小"命令，弹出"图像大小"对话框，在对话框中重新输入图像的宽度和高度，然后单击"确定"按钮即可。

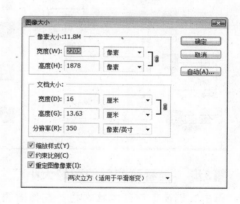

- ■　**"像素大小"栏**：该栏用于定义沿图像高度和宽度排列的像素数量。
- ■　**"文档大小"栏**：该栏采用具体的数值尺寸和分辨率来定义图像的宽度和高度。
- ■　**"缩放样式"复选框**：勾选该复选框，表示调整图像大小的同时对图像中的图层样式进行缩放。
- ■　**"约束比例"复选框**：勾选该复选框，调整图像的大小时，宽度和高度选项右侧会出现链接图标 ⑧。取消勾选该复选框时，链接图标消失，此时调整某一个参数，其余参数不会发生改变。
- ■　**"重定图像像素"复选框**：用于定义图像大小发生变化时，像素增加或减少的方式，一般采用默认方式即可。
- ■　**"自动"按钮**：单击该按钮，会弹出"自动分辨率"对话框，在该对话框中系统自动设定了一个分辨率来调整图像的大小。用户也可以根据自己的需要重新设定分辨率。

互动练习

下面练习使用"图像大小"命令将素材图像的宽度设置为20厘米，高度设置为10厘米。

第1步 打开需要设置的图像文件

1 依次选择"文件"→"打开"命令，在弹出的"打开"对话框中打开指定的素材文件夹。

2 单击素材图像"风景"。

3 单击"打开"按钮。

 聪聪，注意观察该图像文件的大小为37.52厘米×16.18厘米，分辨率为300像素/英寸。

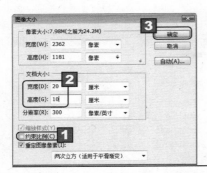

第2步 设置图像大小

1 依次选择"图像"→"图像大小"命令，弹出"图像大小"对话框，取消勾选"约束比例"复选框。

2 在"宽度"和"高度"文本框中分别输入"20"和"10"。

3 单击"确定"按钮。

第3步 查看改变后的图像大小

单击文档窗口底部的状态栏，在弹出的提示面板中查看图像调整后的尺寸。

2. 调整画布大小

 知识讲解

通过"画布大小"命令可以改变画布的大小，同时可对画面进行一定的剪裁或增

说明 通过调整画布大小也可以实现图像大小的调整。

加。依次选择"图像"→"画布大小"命令，在弹出的"画布大小"对话框中，对"定位"和"新建大小"进行设置，然后单击"确定"按钮即可。

 互动练习 ▶

下面练习使用"画布大小"命令将素材图像的高度从底部向上扩展至原来高度的2倍。

第1步　打开图像并选择命令

1　打开素材图像"风景.jpg"。

2　依次选择"图像"→"画布大小"命令，弹出"画布大小"对话框。

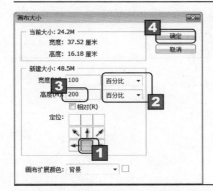

第2步　设置画布大小

1　单击"定位"栏最后一行的第二个按钮，确定画布向上扩展。

2　在"新建大小"栏中设置画布宽度和高度的单位为"百分比"。

3　在"高度"数值框中输入"200"。

4　单击"确定"按钮。

第3步　查看改变画布大小后的图像

单击文档窗口底部的状态栏，在弹出的提示面板中查看图像调整后的尺寸，会发现画布的大小改变后，图像的大小也发生了变化。

1.4　上机练习　　　　　　　　　　　　　　　　　　　<<

本章上机练习一将使用"图像大小"命令改变图像的大小，先调整图像的宽度和高度，然后在不改变宽度和高度的基础上调整图像的分辨率；练习二将使用"画布大小"

在调整画布大小时，如果画布的高度和宽度与原来的大小不成比例，将改变图像的透视关系。　　**说明**　13

命令使图像画布在宽度上从右至左扩展一倍，然后将画布的宽度和高度从右上角向左下角扩展一倍。制作效果及制作提示如下。

练习一　调整图像大小

1 打开素材图像"花.jpg"。

2 打开"图像大小"对话框，取消勾选"约束比例"复选框。

3 改变图像的宽度和高度。

4 改变图像的分辨率。

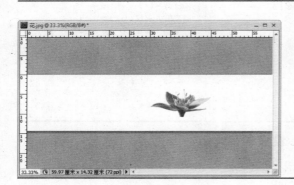

练习二　调整画布大小

1 打开素材图像"花.jpg"。

2 打开"画布大小"对话框，将画布宽度从右至左扩展一倍。

3 再次打开"画布大小"对话框，将画布的宽度和高度从右上角向左下角扩展一倍。

说明　如果只改变图像的像素而不改变其尺寸，可先取消勾选"约束比例"复选框，再修改分辨率。

第2章　平面设计前奏——准备素材

- 获取图像素材
- 使用Bridge管理素材
- 图像的基本操作

博士，我已经了解了Photoshop CS4的工作界面，快点告诉我怎样处理图像文件吧！

聪聪，学习可别太心急，要循序渐进，我们还是静下心来听博士讲解吧！

平面设计需要大量的素材，我们可以通过光盘、相机拍摄和网上下载等方式获取。为了对素材进行有效的管理，还可以使用Adobe Bridge CS4对素材进行分类、重命名和添加标签等操作。

2.1　获取图像素材 ———————————————— <<

　　使用Photoshop CS4进行平面设计，除了可以自己绘制图像外，有时还需要使用外部素材，也就是说作品中的部分图像元素不需要手动绘制。

　　博士，图像素材在平面设计中有什么作用呢？使用图像素材有哪些好处呢？

　　在进行平面设计时，如果使用手动绘制不仅无法保证绘图的质量，而且还要花费大量的时间。使用素材图像进行修改和组合，不仅保证了作品的品质，还可以节约大量的时间。

1.　通过购买素材光盘获取

　　素材光盘对于专业的图像处理人员来说是必不可少的辅助工具。目前，市场上的设计类素材光盘很多，包括自然景观、动物习性、人物表情、异国风情、运动和健美等类型，用户可以根据自己的需要购买，然后稍加整理形成自己的素材库。

2.　通过数码相机拍摄获取

　　数码相机是目前较为流行的一种高效获取图像素材的工具，它具有强大的存取功能，并可以与电脑进行数字信息交换。使用数码相机可以随心所欲地拍摄景物和实体，然后输入到电脑中，使用Photoshop CS4对其进行处理。

3.　通过互联网下载获取

　　互联网是一个资源丰富的素材库，互联网上有很多平面设计论坛和素材网站。用户也可以通过搜索引擎搜索需要的素材图像，并通过下载工具下载，然后保存到硬盘中。

2.2　使用Adobe Bridge CS4管理素材 ——————— <<

　　Adobe Bridge CS4是Photoshop CS4中的一个跨平台应用程序，它是一款功能强大、易于使用的媒体管理器，通过它可以轻松地管理、浏览、定位和查看素材资源。单击标题栏右侧的"启动Bridge"按钮，或者依次选择"文件"→"在Bridge中浏览"命令，即可快速切换到Adobe Bridge CS4的工作界面。

说明　平面设计不是素材图像的堆积，要有选择地调用和处理。

>> 2.2.1 设置图像预览方式

使用Adobe Bridge CS4浏览图像是该软件最基本的功能之一，该功能类似于一些看图软件，但其内置的丰富的图像浏览方式是其他软件所无法比拟的。

1. 使用默认浏览方式

Adobe Bridge CS4工作区右下部的浏览方式按钮可以用来设置图像的浏览方式，分别单击"以缩略图形式查看"按钮、"以详细信息形式查看"按钮和"以列表形式查看"按钮，可以使用相应的方式浏览图像文件。启动Bridge时，将以缩略图形式浏览图像文件。

拖动Bridge工作区右下部的缩览图滑条上的滑块，可以实现图像的缩小或放大显示。当鼠标移动到"预览"面板中的图片上，光标呈 🔍 显示时单击即可单独放大显示该区域的图像。

2. 自定义浏览方式

依次选择"窗口"→"工作区"命令，在弹出的子菜单中选择相应的命令，即可以不同的浏览方式查看图像文件。

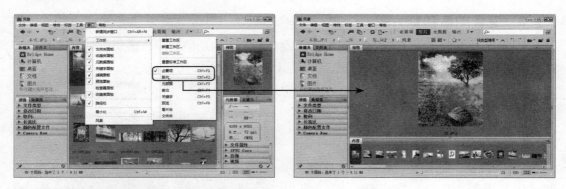

>> 2.2.2 为素材图像添加颜色标签和星形标签

在Bridge中，用户可以为图像添加颜色标签和表示重要级别的星形标签，从而方便地管理素材图像，或根据标签快速找到需要的素材图像。

1. 添加颜色标签

知识讲解

添加颜色标签时，先选择图像文件，然后单击"标签"菜单项，在弹出的下拉菜单中选择"标签"组中对应的标签命令即可。

- **"选择"命令**：选择该命令，标签显示为红色。
- **"第二"命令**：选择该命令，标签显示为黄色。
- **"已批准"命令**：选择该命令，标签显示为绿色。
- **"审阅"命令**：选择该命令，标签显示为蓝色。
- **"待办事宜"命令**：选择该命令，标签显示为紫色。

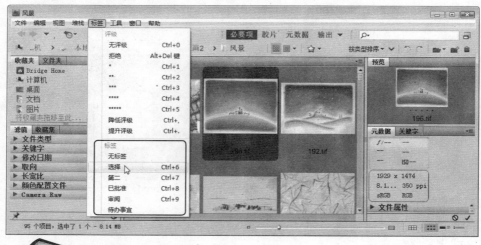

互动练习

下面练习为素材中"第2章"文件夹下的"01.jpg"图像添加红色标签，为"02.

  依次选择"标签"→"无标签"命令，即可除去图像的颜色标签。

jpg"图像添加黄色标签，为"03.jpg"图像添加紫色标签，为"04.jpg"图像添加绿色标签。

第1步　启动Bridge并选择图像

1 启动Bridge并选择素材中的"第2章"文件夹。

2 选择"01.jpg"图像。

第2步　为选择的图像添加红色标签

1 单击"标签"菜单项。

2 在弹出的下拉菜单中选择"选择"命令。

第3步　为其余的图像添加标签

1 根据同样的方法为其余的图像添加标签。选择"02.jpg"图像，为其添加黄色标签。

2 选择"03.jpg"图像，为其添加紫色标签。

3 选择"04.jpg"图像，为其添加绿色标签。

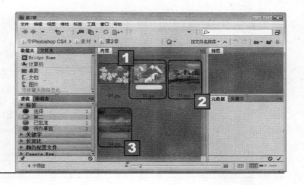

2. 添加星形标签

 **知识讲解**

为图像添加星形标签是指在图像缩略图底部添加不同数量的星形标记，以星形标记的数量来定义图像的重要级别，星形标记数量越多，图像文件的重要级别就越高，也就是说图像越重要。添加星形标签时，先选择图像文件，然后单击"标签"菜单项，在弹出的菜单中选择"评级"组中对应的标签命令即可。

■　**"无评级"命令**：选择该命令，将去除图像底部的星形标记。

为图像添加标签后，就可以根据标签对图像进行排序了。　**说明**

■ **"拒绝"命令**：选择该命令，表示选择的图像不参加评级。

■ **"降低评级"命令**：每选择一次该命令，将减少一个星形，直到无星形为止。

■ **"提升评级"命令**：每选择一次该命令，将增加一个星形，直到星形数为5为止。

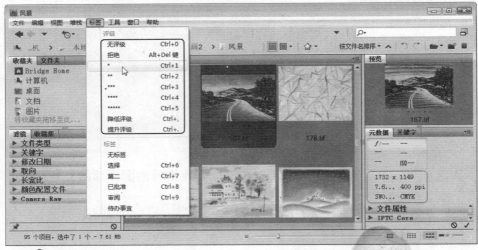

 互动练习 ▶

下面练习为"第2章"文件夹下的"01.jpg"和□□□□□指定3星级别，为"03.jpg"和"04.jpg"指定4星级别。

第1步　为图像指定3星级别

1 选择"01.jpg"和"02.jpg"图像。

2 依次选择"标签"→"***"命令，将其指定为3星级别。

第2步　为其余图像指定4星级别

1 选择"03.jpg"和"04.jpg"图像。

2 依次选择"标签"→"****"命令，将其指定为4星级别。

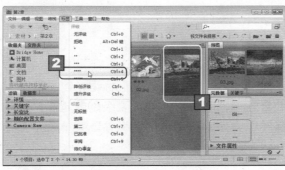

说明 为图像添加星形标签后，下次启动Bridge浏览图像时，星形标签仍然存在。

>> 2.2.3　重命名素材图像

使用Adobe Bridge CS4可以对素材图像进行重命名，不但可以一次对一幅图像进行重命名，还可以一次对多幅图像按一定的序列进行重命名。

 聪聪，通过Adobe Bridge CS4对图像进行批量重命名，不仅可以节约时间，还可以使图像文件具有规律性，是整理图像素材的好帮手哦！

1. 单个文件重命名

单个文件重命名是指一次只对一个图像文件进行重命名。单击图像文件名称，当文件名称变为可编辑状态时输入新的文件名称，然后按下"Enter"键即可。

2. 批量重命名

 知识讲解

批量重命名是指按照一定的序列同时对多个图像文件进行重命名。批量重命名是在"批重命名"对话框中完成的，其具体操作方法如下。

（1）在Bridge中打开需要重命名的图像所在的文件夹。

（2）依次选择"工具"→"批重命名"命令，弹出"批重命名"对话框。

（3）在"目标文件夹"栏中设置图像重命名后存储的文件夹。

（4）在"新文件名"栏中设置起始图像的名称。

（5）单击"重命名"按钮。

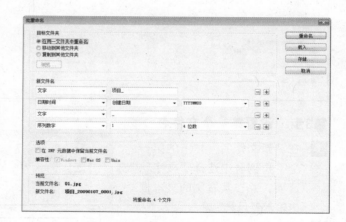

■　**"目标文件夹"栏**：该栏用于设置命名后图像的存储位置。选择"在同一文件夹中重命名"单选项，表示重命名后的图像仍保存在原文件夹下；选择"移动到其他文件夹"或"复制到其他文件夹"单选项时，单击"浏览"按钮，可在弹出的"浏览文件夹"对话框中选择一个新的文件夹作为重命名后图像移动到

或复制到的目标文件夹。

■ **"新文件名"栏**：该栏用于设置起始图像的名称，系统默认当前选择的图像名称作为起始文件名。也可以在"新文件名"栏中选择以其他方式作为命名规则，然后输入需要的起始文件名即可。

互动练习

下面练习对"第2章"文件夹下的图像进行批量重命名，使重命名后的图像文件以"风景1"、"风景2"、"风景3"等显示。

第1步　选择图像文件

1 启动Bridge并选择路径为"第2章"的文件夹。

2 按下"Ctrl+A"组合键，选择文件夹中的所有图像文件。

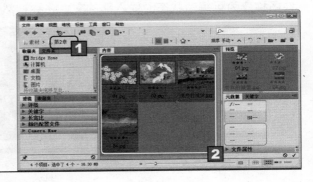

第2步　打开对话框

依次选择"工具"→"批重命名"命令，弹出"批重命名"对话框。

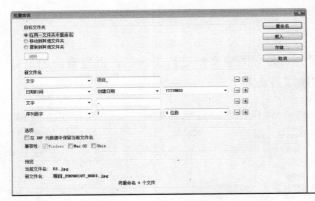

第3步　设置第一个文件名

1 在"新文件名"栏下的第一个下拉列表中选择"文字"选项，并在其右侧的文本框中输入"风景"。

2 在第4个下拉列表中选择"序列数字"选项，在右侧的文本框中输入"1"，并在其右侧的下拉列表中选择"1位数"选项。

3 单击"重命名"按钮。

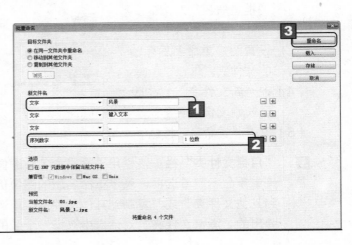

说明 按下"Ctrl+［"或"Ctrl+］"组合键，可快速将图像以逆时针或顺时针方向旋转90°。

第4步　查看重命名后的图像

批量重命名后的图像将自动在"内容"面板中按升序排列，最终效果如图所示。

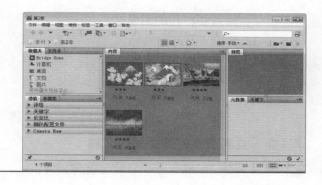

>> 2.2.4　设置图像的排序方式

为了在Bridge中更好地浏览图像，可以通过Bridge工作区右上角的排序下拉菜单使图像按一定的排序方式显示。单击排序方式右侧的下拉按钮，在弹出的下拉菜单中选择一种排列方式即可。

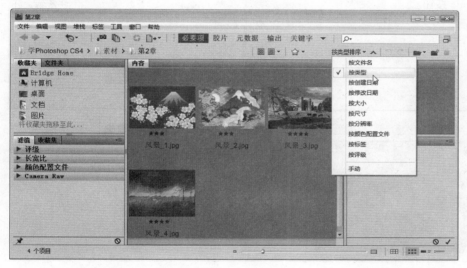

2.3　图像的基本操作 ——————<<

收集并整理了图像素材后，下面来学习Photoshop CS4的一些基本操作方法，包括图像的打开、新建、缩放、存储和关闭等。

>> 2.3.1　打开图像文件

1. 通过"文件"菜单打开图像

通过"文件"菜单打开图像是标准的打开方式，其具体操作方法如下。

（1）依次选择"文件"→"打开"命令，弹出"打开"对话框。

（2）在"查找范围"下拉列表中选择需要打开的图像所在的文件夹，在对话框中选择需要打开的图像文件。

（3）单击"打开"按钮。

互动练习

下面练习使用Photoshop CS4打开"05"图像文件。

第1步　找到需要打开的图像文件

1 依次选择"文件"→"打开"命令，弹出"打开"对话框。

2 在"查找范围"下拉列表中指定素材文件夹。

3 在列表框中选择素材图像"05"。

4 单击"打开"按钮。

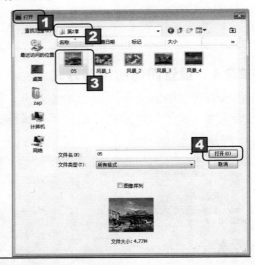

第2步　查看打开后的图像

打开后的图像以文档窗口的形式显示在工作界面中。

 博士，如果我想一次打开多个图像文件，该怎么操作呢？

 你只需在弹出的"打开"对话框中，按住"Ctrl"键选择多个图像文件，然后单击"打开"按钮即可。

选择多个图像文件

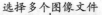

2．通过双击鼠标打开图像

对于经常使用Photoshop CS4进行平面设计的设计者来说，可以先在工作界面的灰色空白区域双击鼠标左键，然后在弹出的"打开"对话框中选择

技巧 按住"Shift"键选择图像文件，然后单击"打开"按钮，可打开多个连续的图像文件。

需要打开的图像文件，最后单击"打开"按钮即可。

3. 通过Bridge打开图像

启动Adobe Bridge CS4后，在"内容"面板中双击需要打开的图像的缩略图，即可在Photoshop CS4的工作界面中快速打开该图像。

>> 2.3.2 新建图像文件

用户还可以根据需要在Photoshop CS4中新建图像文件，即在工作界面中手动创建文档窗口，然后在文档窗口中进行图像的绘制、编辑等操作。其具体操作方法如下。

（1）依次选择"文件"→"新建"命令，弹出"新建"对话框。

（2）在"新建"对话框中输入图像文件的名称，并设置图像的大小、分辨率、颜色模式和背景内容。

（3）单击"确定"按钮。

下面练习创建一个名为"文档1"、宽度为"500像素"、高度为"400像素"，分辨率为"300像素/英寸"、颜色模式为"RGB"、背景内容为"白色"的图像文件。

第1步 执行"新建"命令

1 单击菜单栏中的"文件"菜单项。

2 在弹出的下拉菜单中选择"新建"命令，打开"新建"对话框。

> 按"Ctrl+N"组合键可以快速打开"新建"对话框。

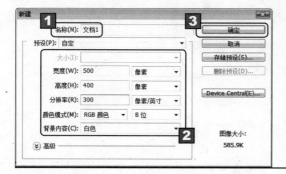

第2步 设置图像文件参数

1 在"新建"对话框的"名称"文本框中输入"文档1"。

2 设置新图像的宽度、高度和分辨率等参数。

3 单击"确定"按钮。

如果在"新建"对话框的"名称"文本框中不输入图像名称，系统将默认为"未标题-1"。 **说明**

第3步　查看新图像文档窗口

新建的图像将以文档窗口的方式显示在工作界面中，在标题栏上可以查看文档的基本信息。

单击"背景内容"下拉列表框右侧的▼按钮，可在弹出的下拉列表中选择"背景色"或"透明色"作为图像文件的背景。

>> 2.3.3　缩放图像文件

打开图像文件后，为了便于对图像进行编辑，可以在工作界面中选择性地进行缩小或放大图像操作。

1．通过文档窗口缩放图像

打开图像文件后，文档窗口状态栏的左侧会显示当前图像的显示比例，单击该数值框，并输入新的数值，然后按下"Enter"键，图像即可按输入的数值比例显示。

2．通过导航器调板缩放图像

打开图像文件后，在"导航器"调板中将会显示出当前图像的预览效果。使用鼠标左右拖动"导航器"调板底部的滑块，即可实现图像的缩放。

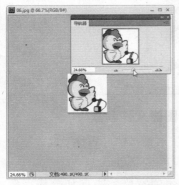

3．通过缩放工具缩放图像

知识讲解

通过工具调板中的"缩放工具" 🔍 可以方便地实现图像的缩放，单击"缩放工具"

说明　拖动"导航器"调板的滑块进行缩放时，文档窗口不会进行缩放。

按钮 🔍 后，选项栏如下图所示。

🔍 · | 🔍🔍 | ☑调整窗口大小以满屏显示 □缩放所有窗口 | 实际像素 | 适合屏幕 | 填充屏幕 | 打印尺寸

- ◼ 🔍 **按钮**：单击该按钮，可以对图像进行放大操作。
- ◼ 🔍 **按钮**：单击该按钮，可以对图像进行缩小操作。
- ◼ **"调整窗口大小以满屏显示"复选框**：勾选该复选框，文档窗口将随着图像的缩放进行缩放。
- ◼ **"缩放所有窗口"复选框**：当打开了多个图像文件时，先勾选该复选框，然后单击其中的一个图像文件，其他图像将同时放大或缩小。
- ◼ **"实际像素"按钮**：单击该按钮，图像将以100%的比例显示。
- ◼ **"适合屏幕"按钮**：单击该按钮，可以调整缩放级别和窗口大小，使图像正好填满电脑屏幕。
- ◼ **"填充屏幕"按钮**：单击该按钮，图像将填满文档窗口。
- ◼ **"打印尺寸"按钮**：单击该按钮，图像将以打印比例显示。

使用"缩放工具" 🔍 对图像文件进行缩放的具体操作方法如下。

（1）单击工具调板中的"缩放工具"按钮 🔍。
（2）将鼠标光标移动到图像中，当其呈 🔍 显示时单击鼠标左键，系统会以单击处的图像为中心放大图像。
（3）按住"Alt"键，当鼠标光标呈 🔍 显示时单击鼠标左键，即可实现图像的缩小操作。
（4）按住鼠标左键拖动形成一个矩形虚线框，释放鼠标后，可以实现图像的局部放大。

 互动练习 ▶

下面练习通过缩放工具对素材图像"07.jpg"进行缩放操作，首先进行放大显示，然后进行缩小显示。

第1步 打开素材图像

依次选择"文件"→"打开"命令，在弹出的"打开"对话框中双击素材图像"07.jpg"将其打开。

第2步 整体放大图像

1 单击工具调板中的"缩放工具"按钮 🔍。

2 将鼠标光标移动到文档的中间部分，以确定放大的中心点。

3 单击鼠标左键放大图像。

 聪聪，不断单击鼠标可以连续放大图像哦！

 是的，小机灵说得很对，不过需要注意，图像最多只能放大到3200%。

第3步 局部放大图像

1 在文档窗口中按住鼠标左键，确定矩形框的起点。

2 拖动鼠标绘制矩形框，然后释放鼠标，所选的区域就被放大了。

第4步 缩小图像

1 按住"Alt"键当鼠标光标呈 🔍 显示时，移动鼠标确定缩放中心点。

2 单击鼠标缩小显示图像。

>> 2.3.4 存储图像文件

 知识讲解

在使用Photoshop CS4对图像文件进行处理和编辑的过程中，应及时进行保存，以免意外情况造成损失。保存图像文件有直接存储和另存两种情况。

技巧 按住"Shift"键可以同时对多个打开的图像文件进行缩放。

1. 直接存储图像文件

使用Photoshop CS4对已有的图像文件进行编辑后，如果不需要对图像文件的名称、格式或保存路径等进行更改，可以依次选择"文件"→"存储"命令或直接按下"Ctrl+S"组合键对其进行保存。

2. 另存图像文件

保存新建的图像文件或需要将图像文件以不同的名称、文件格式或路径进行保存时，可依次选择"文件"→"存储为"命令，在弹出的"存储为"对话框中对图像进行保存。

"存储为"对话框中的"保存在"下拉列表框用来设置图像文件的存储路径，"文件名"文本框用来定义图像文件的名称，"格式"下拉列表用来设置图像的存储格式，单击其右侧的下拉按钮即可选择不同的文件格式。

- **PSD或PDD格式**：这是Photoshop CS4生成的一种文件格式，是唯一能支持全部图像色彩模式的格式。以PSD格式保存的图像可以包含图层、通道以及色彩模式，具有调节层、文本层的图像也可以用该格式保存。

- **JPEG格式**：主要用于图像预览以及超文本文档，该格式支持RGB，CMYK和灰度等色彩模式。使用JPEG格式保存的图像经过压缩，可使图像文件变小。

- **GIF格式**：该格式支持黑白、灰度和索引等色彩模式。以该格式保存的文件体积较小，在网页中经常使用这种格式。

- **BMP格式**：这是一种标准的点阵式图像文件格式，支持RGB、索引、灰度和位图模式。以BMP格式保存的文件通常比较大。

- **TIFF格式**：该格式支持RBG，CMYK，Lab和灰度色彩模式，而且在RGB，CMYK以及灰度模式中支持Alpha通道。TIFF图像文件格式可在多个图像软件之间进行数据交换，应用非常广泛。

- **EPS格式**：该格式与GIF格式一样，支持RGB、索引、灰度和位图模式。可以进行LZW压缩，使图像文件占用较少的磁盘空间。

- **PCX格式**：该格式是Zsoft公司的PC Paintbrush图像软件支持的文件格式，支持RGB、索引、灰度和位图等色彩模式。

 互动练习

下面练习将素材图像"07.jpg"另存为PSD格式，并将其命名为"城堡.psd"。

LZW是一种先进的数据压缩技术，属于无损压缩编码，该编码主要用于图像数据的压缩。 **说明** | 29

第1步　设置存储参数

1 打开素材图像"07.jpg"。

2 依次选择"文件"→"存储为"命令,弹出"存储为"对话框。

3 在"文件名"文本框中输入"城堡"。

4 在"格式"下拉列表中选择"Photoshop(*.PSD;*.PDD)"选项。

5 单击"保存"按钮。

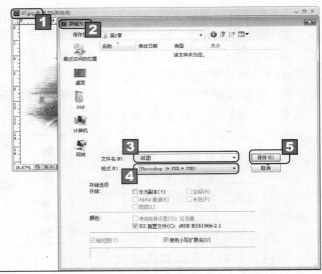

第2步　查看存储后的文件

打开存储后的图像文件,文档窗口顶部的标题栏将显示该图像文件的名称和文件格式。

>> 2.3.5　撤销与恢复操作

　　初学者在处理图像的过程中,有的操作需要进行多次测试。要想随时返回图像以前的某个操作状态,可以通过系统提供的撤销和恢复操作来实现。

1. 通过"历史记录"调板撤销与恢复图像

　　Photoshop CS4提供的"历史记录"调板记录了图像处理过程中的各种操作,如果要返回到以前的某个操作状态,只需在"历史记录"调板中单击相应的历史记录命令即可。

2. 通过"编辑"菜单撤销与恢复图像

　　依次选择"编辑"→"后退一步"命令,可以将图像返回到上一次操作前的状态;

技巧　对于新建的图像文件,执行"存储"或"存储为"命令,都会打开"存储为"对话框。

依次选择"编辑"→"前进一步"命令，可以重新返回到最后一次操作后的状态。

聪聪，如果你觉得通过菜单撤销和恢复操作太麻烦的话，可以按下"Ctrl+Z"组合键进行操作。

是的，按下"Ctrl+Z"组合键，可以在后退一步和前进一步之间来回切换。

3. 设置可撤销的操作步数

知识讲解

默认情况下，"历史记录"调板最多只能记录20步操作。当操作超过20步时，系统会自动删除前面的操作。用户可以根据自己的需要设置一个合适的历史记录最大数值，以满足绘图的需要，其具体方法如下。

（1）依次选择"编辑"→"首选项"→"性能"命令，弹出"首选项"对话框。
（2）在"历史记录与高速缓存"栏的"历史记录状态"文本框中输入记录数值。
（3）单击"确定"按钮。

互动练习

下面练习将历史记录的最大记录数值设置为40。

第1步　打开"首选项"对话框

依次选择"编辑"→"首选项"→"性能"命令，弹出"首选项"对话框。

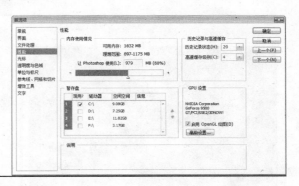

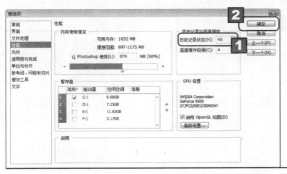

第2步　设置历史记录步数

1 在"历史记录与高速缓存"栏的"历史记录状态"文本框中输入"40"。

2 单击"确定"按钮。

>> 2.3.6　关闭图像文件

　　图像编辑完成后，应该及时将其关闭，以免占用内存资源。关闭图像文件主要有以下几种方法。

- 　　依次选择"文件"→"关闭"命令，即可关闭当前图像文件。
- 　　依次选择"文件"→"全部关闭"命令，即可关闭打开的所有图像文件。
- 　　按下"Ctrl+F4"组合键，即可关闭当前图像文件。
- 　　单击窗口右上角的"关闭"按钮 ⊠ ，即可关闭当前图像文件。

2.4　上机练习 ————————————————— <<

　　本章上机练习一通过Bridge将"重命名"文件夹中的所有文件以"图像01"、"图像02"等进行批量重命名；练习二通过缩放命令将"01.jpg"放大到"200%"，而图像窗口不发生改变。制作提示及最终效果如下。

练习一　重命名素材图像

1 启动Bridge，打开"重命名"文件夹，选择文件夹中的所有图像文件。

2 打开"批重命名"对话框，设置第一个图像文件名为"图像01"。

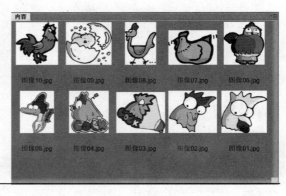

练习二　放大显示图像

1 打开素材图像"01.jpg"。

2 单击工具调板中的"缩放工具"按钮 ⊕ 。

3 在选项栏中单击 ⊕ 按钮，然后取消勾选"调整窗口大小以满屏显示"复选框。

4 将图像文件放大到200%。

技巧　按下"Ctrl+W"组合键，可以快速关闭当前图像文件。

第3章　调整图像的色调和色彩

- 调整图像的色调
- 调整图像的色彩
- 图像颜色的另类调整

博士，在我的素材库中很多图像文件的颜色不真实，可不可以通过 Photoshop CS4对其进行调整呢？

可以，使用Photoshop CS4的色调和色彩调整命令，可以对图像文件产生的曝光不足、偏色和色彩不饱和等情况进行调整，使图像具有真实感。

聪聪，利用色调和色彩调整命令还可以制作出许多意想不到的效果呢！

3.1 调整图像的色调 ———————————————— <<

图像的色调是指图像的明暗度，调整图像的色调就是对图像像素的明暗度进行调整。在Photoshop CS4中图像的色调按色阶的明暗层次来划分，明亮的部分为高色调，阴暗的部分为低色调，中间的部分为半色调。

>> 3.1.1 认识"调整"调板

"调整"调板是Photoshop CS4的新增功能之一，以调板组的形式垂直停放在文档窗口的右侧。在"调整"调板中单击相应的图标，即可新建一个图像调整图层，使用调整图层可以灵活地对图像的色调和色彩进行无损害的调整。

 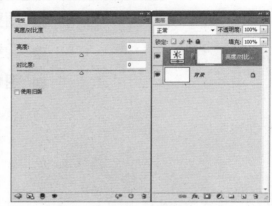

■ 单击"切换图层可见性"按钮 👁，可设置调整的可见性。

■ 单击"复位"按钮 ↻，可将调整恢复到初始设置。

■ 单击"删除此调整图层"按钮 🗑，可删除调整。

■ 单击 ⬅ 按钮，可返回"调整"调板。

■ 单击"将面板切换到标准视图"按钮 🔲，可设置"调整"面板的宽度，如下图所示。

 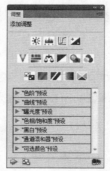

■ 单击 按钮，可将调整应用于"图层"面板中该图层下的所有图层。

>> 3.1.2 构成色彩的基调——色调

色调是明度、色相和饱和度共同作用的结果。通过色调调整命令，可以改变色彩的

说明 图层的应用将在第8章和第9章进行详细的讲解。

明暗关系。因此，色调的调整即是明度、色相和饱和度的调整。

原图 明度调整 色相调整 饱和度调整

>> **3.1.3 调整色阶**

知识讲解

"色阶"命令常用来平衡图像的对比度、饱和度以及灰度，调整色阶的具体操作方法如下。

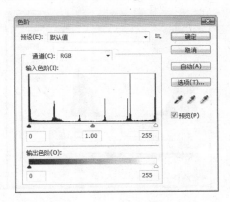

（1）依次选择"图像"→"调整"→"色阶"命令，弹出"色阶"对话框。
（2）在"通道"下拉列表框中选择调整的色彩范围。
（3）通过输入具体的数值或拖动色调滑块来调整图像的色调。
（4）单击"确定"按钮。

- ■ **"预设"下拉列表框**：它是Photoshop CS4的新增内容，用于快速调整图像的色阶，提高工作效率。
- ■ **"通道"下拉列表框**：用于选择要调整的颜色通道。
- ■ **直方图**：以竖直的、起伏的黑色直线来预览图像当前色调的变化范围。
- ■ **"输入色阶"文本框**：3个文本框依次用于调整图像的阴影、中间调和高光，分别对应直方图底部的黑色、灰色和白色滑块。
- ■ **"输出色阶"文本框**：用于调整图像的亮度和对比度，与其上方的两个滑块对应。
- ■ **"自动"按钮**：单击该按钮将以默认参数自动调整图像。
- ■ **"选项"按钮**：单击该按钮将弹出"自动颜色校正选项"对话框，在其中可以设置阴影、中间调和高光的切换颜色，还可以对自动颜色校正的算法进行设置。
- ■ **吸管工具组** 🖉🖉🖉：单击吸管工具组中的任意按钮，然后将光标移动到图像中并单击，可以进行取样。"设置黑场"按钮🖉可使图像变暗，"设置灰场"按钮🖉可以用取样点像素的高亮来调整图像中所有像素的亮度，"设置白场"按钮🖉可以为图像中所有像素的亮度值加上取样点的亮度值，从而使图像变亮。
- ■ **"预览"复选框**：用于确定在设置参数过程中是否可以在图像窗口中预览效果。

互动练习

下面练习通过"色阶"命令调整照片"02.jpg"，使图像变亮，修改完成后将图像存储为"风景.jpg"。

第1步　打开素材图像

依次选择"文件"→"打开"命令，打开素材图像"02.jpg"，由于曝光不足，图像较暗。

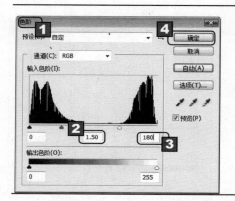

第2步　增加中间调和高光

1 依次选择"文件"→"调整"→"色阶"命令，弹出"色阶"对话框。

2 在"中间调"文本框中输入"1.50"。

3 在"高光"文本框中输入"180"。

4 单击"确定"按钮。

第3步　查看并存储图像

调整后的图像在原来的基础上变亮。依次选择"文件"→"存储为"命令，将图像存储为"风景.jpg"。

>> 3.1.4　调整曲线

 知识讲解

"曲线"命令是指通过一条曲线的斜率和形状，实现对图像色彩、亮度和对比度的调整。相对于"色阶"命令，"曲线"命令可以调整多达14个不同的点，使调整效果更

说明　在"色阶"对话框中单击"自动"按钮，系统将自动对色阶进行调整。

加精确。使用"曲线"命令还可以调整图像中的单色，常用于改变物体的质感。调整曲线的具体操作方法如下。

（1）依次选择"图像"→"调整"→"曲线"命令，弹出"曲线"对话框。

（2）在曲线编辑框中，增加调整点并对其进行拖动。

（3）单击"确定"按钮。

- **曲线编辑框：** 曲线的水平轴表示原始图像的亮度，垂直轴表示处理后图像的亮度，斜率表示相应像素点的灰度值。
- ~ **按钮：** 用于拖动曲线上的控制点来调整图像。
- ✎ **按钮：** 用于绘制曲线来调整图像。
- ⊞ **按钮和** ▦ **按钮：** 用于控制曲线框中的网格数量。

 互动练习 ▶

下面练习通过"曲线"命令快速修复暗光照片"03.jpg"，修改完成后将其保存为"树林.jpg"。

第1步　打开素材图像

依次选择"文件"→"打开"命令，打开素材图像"03.jpg"，由于图像曝光不足，图像的某些区域较暗。

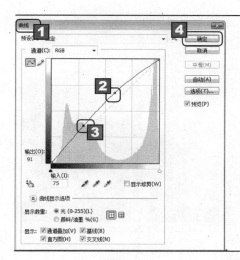

第2步　添加并拖动调整点

1 依次选择"图像"→"调整"→"曲线"命令，弹出"曲线"对话框。

2 在曲线的上部添加一个调整点，并将其向左上方拖动，增加图像上半部分的亮度。

3 在曲线的下部添加一个调整点，并将其向左上方拖动，增加图像下半部分的亮度。

4 单击"确定"按钮。

第3步　查看并存储图像

调整后的图像在原来的基础上变亮，更加清晰。依次选择"文件"→"存储为"命令，将图像存储为"树林.jpg"。

>> 3.1.5　调整亮度/对比度

使用"亮度/对比度"命令可以将图像的色调增亮或变暗，也可以对图像中的低色调、半色调和高色调区域进行增加或降低对比度的调整。调整亮度/对比度的具体操作方法如下。

（1）依次选择"图像"→"调整"→"亮度/对比度"命令，弹出"亮度/对比度"对话框。

（2）在"亮度/对比度"对话框中对图像的亮度和对比度进行调整。

（3）单击"确定"按钮。

聪聪，在"亮度/对比度"对话框中向右或向左拖动"亮度"和"对比度"栏的滑块，即可增加或减小图像的"亮度"和"对比度"。

下面使用"亮度/对比度"命令对一张比较灰暗的照片"04.jpg"进行调整，使其对比度更强烈，颜色更鲜艳。修改完成后将其存储为"山林.jpg"。

第1步　打开素材图像

依次选择"文件"→"打开"命令，打开素材图像"04.jpg"，由于拍摄技术不佳，图像整体比较灰暗。

说明　编辑Photoshop旧版本创建的"亮度/对比度"调整图层，系统会自动勾选"使用旧版"复选框。

在"亮度/对比度"对话框中勾选"预览"复选框后，拖动"亮度"或"对比度"滑块时可观察到图像的变化。

第2步　调整亮度/对比度

1 依次选择"图像"→"调整"→"亮度/对比度"命令，弹出"亮度/对比度"对话框。

2 拖动"亮度"栏中的滑块或在文本框中输入数值"70"，增加整张照片的亮度。

3 拖动"对比度"栏中的滑块或在文本框中输入数值"30"，增加照片的对比度。

4 单击"确定"按钮。

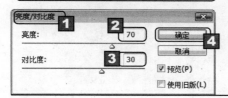

第3步　查看并存储图像

调整后的图像变亮，色彩更加鲜艳。依次选择"文件"→"存储为"命令，将图像存储为"山林.jpg"。

>> **3.1.6　调整色彩平衡**

 知识讲解

　　色彩平衡是指图像整体的颜色平衡性。使用"色彩平衡"命令可以在彩色图像中改变颜色的混合，从而纠正图像文件中较严重的偏色现象。调整色彩平衡的具体操作方法如下。

（1）依次选择"图像"→"调整"→"色彩平衡"命令，弹出"色彩平衡"对话框。

（2）在"色调平衡"栏中选择要调整的色调范围。

（3）在"色彩平衡"栏中为所选色调范围内的颜色增加或减少一种或几种颜色。

（4）单击"确定"按钮。

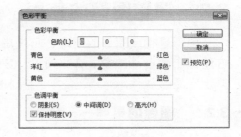

 互动练习

　　下面练习使用"色彩平衡"命令修正一张照片"05.jpg"的偏色现象，修改完成后将其存储为"人物.jpg"。

第1步 打开素材图像

依次选择"文件"→"打开"命令，打开素材
图像"05.jpg"，图像出现严重的偏色现象，
整个图像呈蓝色显示。

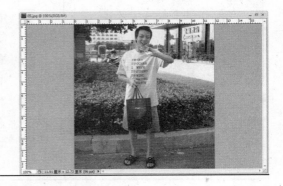

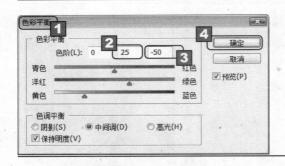

第2步 调整色彩平衡

1 依次选择"图像"→"调整"→"色彩平
衡"命令，弹出"色彩平衡"对话框。

2 增加绿色到"25"。

3 减少黄色到"-50"。

4 单击"确定"按钮。

第3步 查看并存储图像

调整后的图像在原图的基础上去掉了多余的蓝色，
如图所示。依次选择"文件"→"存储为"命令，
将图像存储为"人物.jpg"。

3.2 调整图像的色彩 ————————————— <<

　　色彩是构成图像的灵魂，它是由眼睛的物理反应和大脑对某种亮度标准光的波长特
性所做出的自动感觉。在平面设计中，色彩起着重要的作用，合适的色彩不仅能很好地
体现作品的创意，而且还能给人带来舒适的观感。

>> 3.2.1 图像的灵魂——色彩

1. 色彩的分类

　　色彩可分为无彩色和有彩色两大类。无彩色有明有暗，表现为白、黑，也称色调。
有彩色就是具备光谱上的某种或某些色相，统称为彩调。

技巧　依次选择"图像"→"调整"→"自动对比度"命令，可以快速修正图像的对比度。

2. 色彩构成三要素

色彩构成三要素是指色彩的色相、明度和纯度。

■ **色相**：即各类色彩的相貌称谓。色相是色彩的首要特征，是区别各种不同色彩的最准确的标准，常见的色相有红、橙、黄、绿、青、蓝和紫等。

■ **明度**：即色彩的明暗程度。不同的颜色，反射的光量强弱不一，因而会产生不同程度的明暗。

■ **纯度**：即饱和度，表示一种颜色中是否含有白或黑的成分。混入白色，纯度升高，混入黑色，纯度降低。

3. 色彩的三基色

色彩的三基色为红、绿、蓝，自然界中五彩缤纷的色彩都是由这三种颜色调和而来的。在Photoshop CS4中，图像的RGB色彩模式就是指这种模式下的图像色彩都是由R（红色）、G（绿色）和B（蓝色）调和而来的。

4. 色彩代表的含义

在平面设计中，设计师往往能借色彩的运用，勾起一般人心理上的联想，从而达到设计的目的。主要色彩代表的含义如下。

- **红色**：是一种激奋、强有力的色彩，具有刺激效果。代表着吉祥、喜气、热烈、奔放、激情、斗志和愤怒等。
- **橙色**：是最温暖的颜色，与蓝色搭配可以产生最欢快的气氛。代表着活泼、轻快、富足、快乐、热烈和华丽等。
- **黄色**：是亮度最高的色彩，在纯黄中加入其他颜色会产生意想不到的效果。代表着辉煌、财富、智慧和希望等。
- **绿色**：是大自然的颜色，代表着和平、宁静、健康、安全、清秀和年轻等。
- **蓝色**：是博大的色彩，蓝色能使人冷静下来。代表着和平、平静、稳定、和谐、纯净和永恒等。
- **紫色**：代表着优雅、高贵、魅力、自傲和神秘等。
- **黑色**：代表着深沉、神秘、寂静、压抑、严肃和悲哀等。
- **白色**：代表着纯洁、纯真、质朴、坚实和明快等。
- **灰色**：代表着中庸、平凡、随意、宽容、苍老、温和、忧郁和消极等。

>> 3.2.2　调整曝光度

 知识讲解

使用"曝光度"命令，可以解决图像曝光过度或曝光不足等问题，以达到调整图像色彩的目的。调整曝光度的具体操作方法如下。

（1）依次选择"图像"→"调整"→"曝光度"命令，弹出"曝光度"对话框。
（2）在"曝光度"对话框中设置曝光度。

说明 在平面设计中应用色彩时，要注意色彩的含义。

（3）单击"确定"按钮。

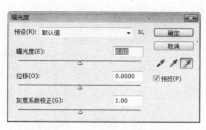

- ■ **"曝光度"文本框**：用于调整色调范围的高光。
- ■ **"位移"文本框**：可以使阴影和中间调变暗，对高光的影响不大。
- ■ **"灰度系数校正"文本框**：可以使用简单的乘方函数调整图像的灰度系数。
- ■ **吸管工具组** ✎ ✎ ✎：**"设置黑场"按钮** ✎ 用于设置位移，同时将与单击处相同的像素变为黑色；**"设置灰场"按钮** ✎ 用于设置曝光度，同时将与单击处相同的像素变为中度灰色；**"设置白场"按钮** ✎ 用于设置曝光度，同时将与单击处相同的像素变为白色。

 互动练习

下面练习使用"曝光度"命令来修正一张曝光不足的照片"11.jpg"，修改完成后，将其存储为"水果.jpg"。

第1步　打开素材图像

依次选择"文件"→"打开"命令，打开素材图像"11.jpg"，由于图像曝光不足，导致图像较暗。

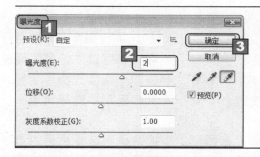

第2步　设置曝光度

1 依次选择"图像"→"调整"→"曝光度"命令，弹出"曝光度"对话框。

2 向右拖动"曝光度"的滑块至"2"，或者在"曝光度"文本框中输入数值"2"。

3 单击"确定"按钮。

第3步　查看并存储图像

调整后的照片如图所示。依次选择"文件"→"存储为"命令，将图像存储为"水果.jpg"。

"曝光度"命令主要用于调整HDR图像的色调，也可用于8位和16位图像。 说明

>> **3.2.3 调整色相/饱和度**

 知识讲解

使用Photoshop CS4可以对图像文件中的单个颜色进行色相、明度和饱和度的调整，从而达到改变图像颜色的目的。调整色相/饱和度的具体操作方法如下。

（1）依次选择"图像"→"调整"→"色相/饱和度"命令，弹出"色相/饱和度"对话框。
（2）在"编辑"下拉列表中选择需要调整的范围。
（3）拖动"色相"、"饱和度"和"明度"滑块，或在其右侧的文本框中输入数值指定调整颜色的值。
（4）单击"确定"按钮。

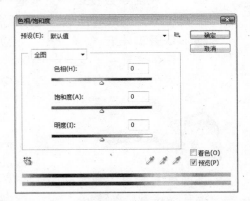

聪聪，如果要使用前景色代替图像中的颜色，只需勾选"着色"复选框即可。

- **"预设"下拉列表框**：单击其右侧的下拉按钮，即可在弹出的列表框中选择系统内置的选项，对图像的色相和饱和度进行调整。
- 全图 ▼：单击其右侧的下拉按钮，在弹出的下拉列表中可选择需要调整的色彩范围。默认情况下是对图像中所有的颜色进行调整。
- **"色相"、"饱和度"和"明度"栏**：拖动色相、饱和度和明度滑块，即可对图像进行相应的色彩调整。
- **取样工具** ✐ ✐ ✐：只有在"编辑"下拉列表框中选择颜色进行调整时才被激活。默认情况下选中"吸管工具"按钮 ✐，此时可以在文档窗口中选择要调整的颜色；单击"添加到取样"按钮 ✐，可以在文档窗口中连续选择多个要调整的颜色；单击"从取样中减去"按钮 ✐，可以在文档窗口中选择减少被调整的颜色。
- **"预设选项"按钮** ▤：单击该按钮，即可在弹出的下拉菜单中选择相应的选项，对设置好的参数进行存储和载入操作。选择"存储预设"选项，可以将"色相/饱和度"对话框中设置的参数以".AHU"格式保存；选择"载入预设"选项，可以在打开的"载入"对话框中选择格式为".AHU"的文件，利用该文件控制色彩调整参数。

 互动练习

下面练习使用"色相/饱和度"命令将"12.jpg"图像中鲜花的颜色由橘黄色变为红

说明 按下"Ctrl+U"组合键，可快速打开"色相/饱和度"对话框。

色，修改完成后将其保存为"鲜花.jpg"。

第1步　打开素材图像

依次选择"文件"→"打开"命令，打开素材
图像"12.jpg"，图像中的鲜花呈橘黄色显示。

第2步　调整图像中的黄色

1 依次选择"图像"→"调整"→"色相/
饱和度"命令，弹出"色相/饱和度"对
话框。

2 在下拉列表中选择"黄色"选项。

3 向左拖动"色相"的滑块至"–15"，
或者在"色相"文本框中输入数值
"–15"。

4 向右拖动"饱和度"的滑块至"+25"，
或者在"饱和度"文本框中输入数值
"+25"。

第3步　调整图像中的红色

1 在下拉列表中选择"红色"选项。

2 向左拖动"色相"的滑块至"–10"，或者
在"色相"文本框中输入数值"–10"。

3 向右拖动"饱和度"的滑块至"+10"，
或者在"饱和度"文本框中输入数值
"+10"。

4 单击"确定"按钮。

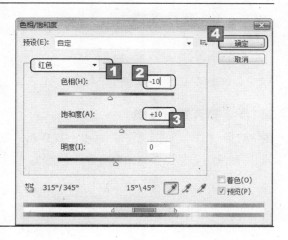

在同一"色相/饱和度"对话框中，可以调整多种颜色的"色相"、"饱和度"和"明度"。　说明　45

第4步 查看并存储图像

调整后图像中鲜花的颜色由橘黄色变为红色，如图所示。依次选择"文件"→"存储为"命令，将图像存储为"鲜花.jpg"。

>> 3.2.4 自然饱和度

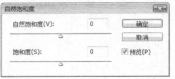

"自然饱和度"命令是Photoshop CS4中新增的，使用该命令调整饱和度可以在颜色接近最大饱和度时最大限度地减少修剪，同时该命令将增加不饱和颜色的饱和度。具体操作步骤如下。

（1）依次选择"图像"→"调整"→"自然饱和度"命令，弹出"自然饱和度"对话框。

（2）调整图像的"自然饱和度"或"饱和度"。

（3）单击"确定"按钮。

 互动练习

下面练习使用"自然饱和度"命令调整图像"24.jpg"，增加图像的饱和度，修改完成后将其保存为"桌椅.jpg"。

第1步 打开素材图像

依次选择"文件"→"打开"命令，打开素材图像"24.jpg"，可以看到图像的色彩不饱和。

说明 "自然饱和度"命令可以防止肤色过度饱和。

第2步 设置自然饱和度

1 依次选择"图像"→"调整"→"自然饱和度"命令，弹出"自然饱和度"对话框。

2 向右拖动"自然饱和度"的滑块至"+100"，或者在"自然饱和度"文本框中输入数值"+100"。

3 单击"确定"按钮。

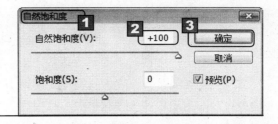

第3步 查看并存储图像

调整后图像的色彩变得饱和，最终效果如图所示。依次选择"文件"→"存储为"命令，将图像存储为"桌椅.jpg"。

>> 3.2.5 可选颜色

知识讲解

和"色相/饱和度"命令一样，使用"可选颜色"命令可以针对图像中的某种颜色进行调整，从而达到改变图像色彩的目的。具体操作方法如下。

（1）依次选择"图像"→"编辑"→"可选颜色"命令，弹出"可选颜色"对话框。

（2）在"颜色"下拉列表框中选择需要调整的颜色，然后拖动相应的滑块增加或降低色调。

（3）单击"确定"按钮。

互动练习

下面练习使用"可选颜色"命令将图像"13.jpg"中树叶的颜色由红色变为黄色，修改完成后将其存储为"落叶.jpg"。

依次选择"图像"→"自动颜色"命令，可以调整偏色的图像。 **技巧** | 47

第1步 打开素材图像

依次选择"文件"→"打开"命令，打开素材图像"13.jpg"，图像中的树叶呈红色显示。

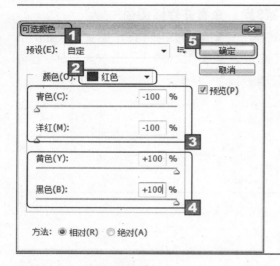

第2步 调整可选颜色

1 依次选择"图像"→"调整"→"可选颜色"命令，弹出"可选颜色"对话框。

2 在"颜色"下拉列表框中选择"红色"选项。

3 向左拖动"青色"和"洋红"的滑块至"−100%"，或者在"青色"和"洋红"文本框中输入数值"−100"。

4 向右拖动"黄色"和"黑色"栏的滑块至"+100%"，或者在"黄色"和"黑色"文本框中输入数值"+100"。

5 单击"确定"按钮。

第3步 查看并存储图像

调整后树叶的颜色由红色变为黄色，最终效果如图所示。依次选择"文件"→"存储为"命令，将图像存储为"落叶.jpg"。

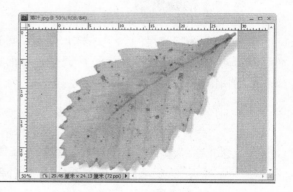

>> **3.2.6 匹配颜色**

使用"匹配颜色"命令可以将不同图像之间的颜色进行匹配，从而达到改变图像色彩的目的，该命令常用于图像的合成。其具体操作方法如下。

（1）打开两幅图像文件，并激活被调整图像所在的文档窗口。

（2）依次选择"图像"→"编辑"→"匹配颜色"命令，弹出"匹配颜色"对话框。

说明 "可选颜色"命令通过调整图像中的某种或多种色调达到改变图像色彩的目的。

（3）在"源"下拉列表框中选择匹配颜色的图
　　　像文件。

（4）在"图像选项"栏中调整匹配后图像的亮
　　　度、饱和度和匹配程度。

（5）单击"确定"按钮。

- ▣ **"明亮度"文本框**：用于调整图像的亮度。
- ▣ **"颜色强度"文本框**：用于调整图像的饱和度。
- ▣ **"渐隐"文本框**：用于调整颜色匹配的程度，数值越大，匹配的颜色越少。
- ▣ **"中和"复选框**：勾选该复选框，系统将自动调整颜色的匹配程度。
- ▣ **"源"下拉列表框**：用于选择匹配对象。
- ▣ **"图层"下拉列表框**：用于设置匹配图像中哪个图层中的图像参与匹配。系统默认背景图层参与匹配。

互动练习

　　下面练习使用"匹配颜色"命令将"15.jpg"图像中的颜色与"14.jpg"图像匹配，从而改变"15.jpg"图像的颜色，修改完成后将其存储为"植物.jpg"。

第1步　打开素材图像

1 依次选择"文件"→"打开"命令，打开匹配图像"14.jpg"。

2 打开被匹配图像"15.jpg"。

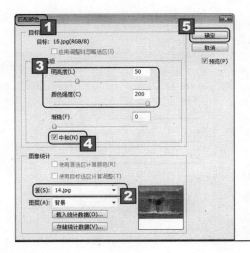

第2步　匹配颜色

1 依次选择"图像"→"调整"→"匹配颜色"命令，弹出"匹配颜色"对话框。

2 在"源"下拉列表框中选择"14.jpg"作为匹配对象。

3 向左拖动"明亮度"的滑块至"50"，或在文本框中输入"50"；向右拖动"颜色强度"的滑块至"200"，或者在文本框中输入"200"。

4 勾选"中和"复选框。

5 单击"确定"按钮。

为了使合成图像在色调上统一，可以使用"匹配颜色"命令。　**说明**

第3步　查看并存储图像

调整后源图像中的颜色融入到目标图像中，如图所示。依次选择"文件"→"存储为"命令，将图像存储为"植物.jpg"。

>> 3.2.7　去色

使用"去色"命令，可以去除图像中的饱和度信息，将图像中所有颜色的饱和度都变为0，将图像变为灰色图像。打开需要去色的图像，然后依次选择"图像"→"调整"→"去色"命令，即可去除图像的颜色。

>> 3.2.8　通道混合器

知识讲解

使用"通道混合器"命令，可以将图像中某个通道中的颜色与其他通道中的颜色进行混合，从而达到改变图像色彩的目的。其具体操作方法如下。

（1）依次选择"图像"→"调整"→"通道混合器"命令，弹出"通道混合器"对话框。

（2）在"输出通道"下拉列表框中选择调整颜色所在的通道。

（3）在"源通道"栏下通过增加或降低图像本身通道中存储的颜色与被调整的通道中的颜色进行混合。

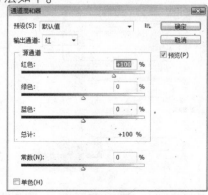

技巧　按下"Shift+Ctrl+U"组合键，可快速去除图像中的颜色。

（4）单击"确定"按钮。

- ■　**"预设"下拉列表框**：其中内置了多种通道混合方式，可以直接调用。
- ■　**"输出通道"下拉列表框**：用于设置被调整的通道。
- ■　**"源通道"栏**：表示图像中对应的原始通道。
- ■　**"总计"数值**：用来显示被调整通道颜色值对应的百分比。
- ■　**"常数"文本框**：用来增加或降低被调整通道中颜色的强弱值。
- ■　**"单色"复选框**：当勾选该复选框时，图像将转换为绘图图像。

 互动练习

　　下面练习使用"通道混合器"命令将图像"17.jpg"由橘黄色的暖色调变成蓝紫色的冷色调，并将其存储为"星空.jpg"。

第1步　打开素材图像

依次选择"文件"→"打开"命令，打开素材图像"17.jpg"，图像呈橘黄色的暖色调。

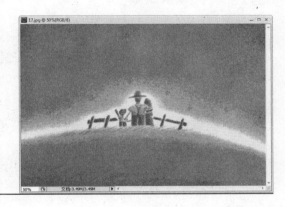

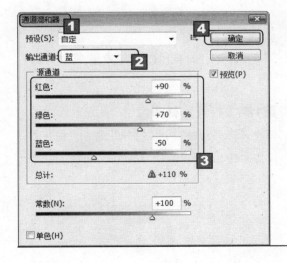

第2步　混合通道中的颜色

1 依次选择"图像"→"调整"→"通道混合器"命令，弹出"通道混合器"对话框。

2 在"输出通道"下拉列表框中选择调整的通道为"蓝"。

3 向右拖动通道中红色的滑块至"+90"，向右拖动通道中绿色的滑块至"+70"，向左拖动通道中蓝色的滑块至"–50"。

4 单击"确定"按钮。

第3步 查看并存储图像

调整后的图像由橘黄色的暖色调变成蓝紫色的
冷色调，最终效果如图所示。依次选择"文
件"→"存储为"命令，将图像存储为"星
空.jpg"。

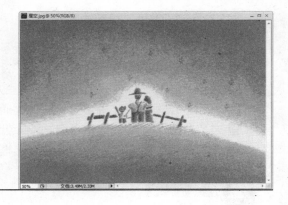

>> 3.2.9 渐变映射

 知识讲解

使用"渐变映射"命令可以改变图像的色
彩，使用各种渐变模式可以对图像的颜色进行调
整。其具体操作方法如下。

（1）依次选择"图像"→"调整"→"渐
变映射"命令，弹出"渐变映射"对
话框。
（2）在"灰度映射所用的渐变"栏中选择要混合的渐变样本。
（3）单击"确定"按钮。

 互动练习

下面练习使用"渐变映射"命令将图像"18.jpg"中清晨日出的景象调整为黄昏日
落的景象，修改完成后将其存储为"日落.jpg"。

第1步 打开素材图像

依次选择"文件"→"打开"命令，打开素材
图像"18.jpg"，图像为清晨日出的景象。

说明 "渐变映射"对话框中的渐变样本可以进行再次编辑。

第2步　设置混合的渐变样本

1 依次选择 "图像" → "调整" → "渐变映
射" 命令, 弹出 "渐变映射" 对话框。

2 单击 "灰度映射所用的渐变" 栏中右侧的下
拉按钮，打开渐变样本列表框。

3 单击 "紫、橙渐变" 样本。

4 单击 "确定" 按钮。

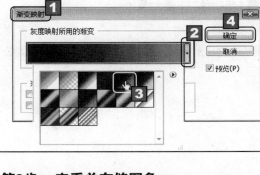

第3步　查看并存储图象

调整后清晨日出的景象变为黄昏日落的景象,
最终效果如图所示。依次选择 "文件" → "存
储为" 命令, 将图像存储为 "日落.jpg"。

>> 3.2.10　阴影/高光

 知识讲解

使用 "阴影/高光" 命令可以增加或减少图像中的
阴影和高光。依次选择 "图像" → "调整" → "阴影/
高光" 命令, 弹出 "阴影/高光" 对话框, 在 "阴影"
栏调整阴影量, 在 "高光" 栏调整高光量, 然后单击
"确定" 按钮即可。

 互动练习

下面练习使用 "阴影/高光" 命令增加图像 "19.jpg" 中阴暗区域的亮度, 从而解决
该照片曝光不足的问题, 修改完成后将其存储为 "云海.jpg"。

第1步 打开素材图像

依次选择"文件"→"打开"命令，打开素材图像"19.jpg"，由于照片曝光不足，整体较阴暗。

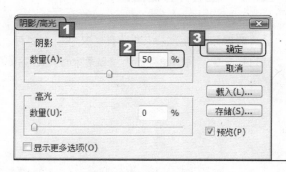

第2步 设置阴影数量

1 依次选择"图像"→"调整"→"阴影/高光"命令，弹出"阴影/高光"对话框。

2 向右拖动"阴影"栏下"数量"的滑块至"50"，或直接在文本框中输入"50"。

3 单击"确定"按钮。

第3步 查看并存储图象

调整后图像变亮，最终效果如图所示。依次选择"文件"→"存储为"命令，将图像存储为"云海.jpg"。

3.3 图像颜色的另类调整 ——— <<

使用"调整"子菜单中的"反相"、"阈值"、"色调均化"和"色调分离"命令，可以进行图像颜色的另类调整，为图像添加艺术效果。

>> 3.3.1 反相

使用"反相"命令可以将图像文件中的色彩进行反相处理，从而形成类似电影胶片的效果。打开要反相的图像，然后依次选择"图像"→"调整"→"反相"命令即可。

反相后将正常图像转化为负片或将负片还原为正常图像，在使用"反相"命令时，图像中的红色将替换为绿色、黑色将替换为白色。

技巧 在"阴影/高光"对话框中，勾选"显示更多选项"复选框，将显示更多的设置选项。

 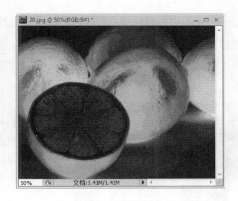

>> 3.3.2　阈值

使用"阈值"命令，可以将彩色或灰度图像转换为高对比度的黑白图像。依次选择"图像"→"调整"→"阈值"命令，在弹出的"阈值"对话框中设置"阈值色阶"值，然后单击"确定"按钮即可。

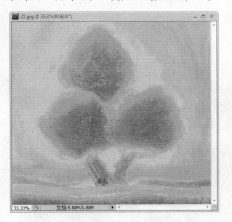 

>> 3.3.3　色调均化与色调分离

使用"色调均化"命令可以重新分配图像中各像素的亮度值，其中最暗值为黑色，最亮值为白色，中间像素均匀分布。依次选择"图像"→"调整"→"色调均化"命令，系统会自动将图像中的色调进行平均化处理。

使用"色调分离"命令可以指定图像中每个通道的亮度数量，并将这些像素映射到最接近的匹配色调上以减少图像分离的色调。依次选择"图像"→"调整"→"色调分离"

命令，在弹出的"色调分离"对话框中调整色阶的数值，然后单击"确定"按钮即可。

3.4 上机练习 ◂◂

　　本章上机练习一将制作一幅黑白照片，通过调整"色相/饱和度"命令和"色阶"命令来完成；练习二将通过"替换色彩"命令改变图像中花瓣的颜色。制作效果以及制作提示如下。

练习一　制作黑白照片

1 依次选择"文件"→"打开"命令，打开素材图像"24.jpg"。

2 使用"色相/饱和度"命令降低图像的饱和度。

3 使用"色阶"命令调整图像的明暗关系。

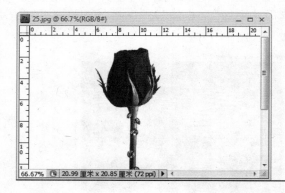

练习二　替换图像颜色

1 依次选择"文件"→"打开"命令，打开素材图像"25.jpg"。

2 使用"替换颜色"命令，将花瓣调整为蓝色。

技巧 使用"去色"命令也可以快速制作黑白照片。

第4章　修饰图像

- 画笔工具组
- 照片修复
- 照片美化
- 橡皮擦工具组

博士，我想使用Photoshop CS4对拍摄的照片进行美化，比如去除人物脸上的皱纹、黑斑和黑痣等，应该怎样进行操作呢？

Photoshop CS4的工具调板中有几组图像修饰工具，通过它们可以快速去除图像中的杂色，并调整图像的色调和色彩，使图像中的颜色产生自然流动。

聪聪，学习了图像修饰工具的使用方法后，你就可以制作出许多漂亮的照片了！

Chapter 4

4.1 照片修复 ——————————————— <<

在拍摄照片后，常常需要对照片进行美化，去除照片中的多余部分。例如，对人物的面部进行美白处理、处理照片中出现的日期和拍摄时出现的红眼等。

>> 4.1.1 修复工具组

修复工具组可以辅助画笔工具对绘制的图像进行相应的修补，从而获得更好的画面效果。修复工具组包括"污点修复画笔工具" 、"修复画笔工具" 、"修补工具" 和"红眼工具" 。

1. 污点修复画笔工具

知识讲解

"污点修复画笔工具" 会自动对图像中的不透明度、颜色和质感进行像素取样，用于快速修复图像中的斑点或小块的杂物。选择该工具后，选项栏如下图所示。

> 画笔: 19 | 模式: 正常 | 类型: ○近似匹配 ○创建纹理 □对所有图层取样

- ■ **"画笔"下拉列表框**：用于设置图像中画笔显示的直径大小，单击其右侧的 按钮，可以在弹出的画笔设置面板中重新设置画笔的直径，如下图所示。

- ■ **"模式"下拉列表框**：用于设置修复过程中画笔的着色模式，默认设置为"正常"模式。

- ■ **"类型"单选项组**：用于设置修复方式。选择"近似匹配"单选项，将会使用修复区域周围的像素来修复图像；选择"创建纹理"单选项，将会使用被修复区域中的像素来创建修复纹理，使修复后的纹理与周围纹理相协调。

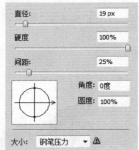

- ■ **"对所有图层取样"复选框**：如果图像文件有多个图层，勾选该复选框后，系统将会自动在被修复处的所有图层上进行颜色取样，并使用取样的颜色来修复图像中的污点。

使用"污点修复画笔工具"对图像进行修复的具体操作如下。

（1）单击工具调板中的"污点修复画笔工具" 。
（2）在选项栏中设置画笔的直径。
（3）将鼠标光标移动到图像窗口中需要修复的位置，当其变为 ○ 形状时单击即可将其范围内的图像修复。

互动练习

下面练习使用"污点修复画笔工具" 去除图像文件中人物腿上的纹身，并将其存储为"污点修复.jpg"。

技巧 按下"J"键可以快速选择"污点修复画笔工具"。

第1步　打开素材图像

1 依次选择"文件"→"打开"命令，打开
素材图像"03.jpg"。

2 单击工具调板中的"缩放工具"按钮 🔍，
放大人物腿上的纹身。

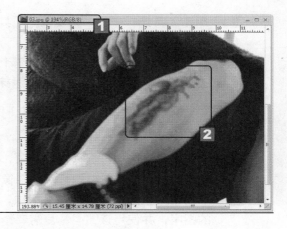

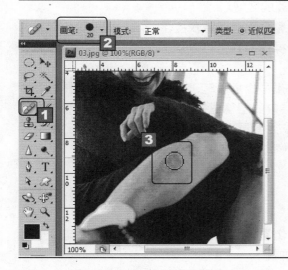

第2步　去除纹身

1 单击工具调板中的"污点修复画笔工具"
按钮 ✎。

2 在选项栏中设置画笔的直径为"20px"。

3 移动鼠标光标到人物腿部的纹身上，单击
鼠标左键去除该处的纹身。

第3步　查看并保存修改后的图像

在去除纹身的操作中，可以根据需要不断地调
整画笔直径，除去所有纹身后的效果如图所
示。依次选择"文件"→"存储为"命令将其
存储为"污点修复.jpg"。

2. 修复画笔工具

知识讲解

　　"修复画笔工具" ✎ 可以对图像中有缺陷部分加以整理，实现通过复制局部图像来
进行修补。使用"修复画笔工具"对图像进行修复的具体操作方法如下。

（1）单击工具调板中的"修复画笔工具" 。

（2）在选项栏中设置画笔的直径。

（3）按住"Alt"键，移动鼠标在与被修复处颜色和纹理相似处单击进行取样。

（4）在图像中需要修复的地方进行涂抹。

选择"修复画笔工具"后，选项栏如下图所示。

- **"取样"单选项**：选择该单选项，可以在图像中按下"Alt"键的同时单击鼠标左键进行取样，并以取样点的图像覆盖需要修改的区域。
- **"图案"单选项**：选择该单选项，可以在其后面的下拉列表框中选择一个合适的图案，并使用该图案修复需要修改的区域。
- **"对齐"复选框**：勾选该复选框，整个取样区域仅应用一次，即使操作停止，当再次使用"修复画笔工具"进行操作时，仍可以从上次结束操作时的位置开始，直到再次取样。
- **"样本"下拉列表框**：用于选择使用"修复画笔工具"进行取样的范围。选择"当前图层"选项，只对当前图层中的图像进行取样；选择"当前和下方图层"选项，可同时对当前图层与下方图层中的图像进行取样；选择"所有图层"选项，可以对所有图层中的图像进行取样。

互动练习

下面练习使用"修复画笔工具"修复图像素材"04.jpg"，使满脸皱纹的老人恢复青春光彩，让布满皱纹的脸变得平整而富有弹性。

第1步　打开素材图像

1 依次选择"文件"→"打开"命令，打开素材图像"04.jpg"。

2 单击工具调板中的"缩放工具"按钮 ，放大面部的皱纹。

第2步　取样图像

1 在工具调板中单击"修复画笔工具"按钮 。

2 在选项栏中设置画笔直径为20px。

3 按住"Alt"键，同时在离面部皱纹较近的地方进行取样。

技巧 在使用"修复画笔工具"修复图像的过程中，需要进行多次取样。

第3步　去除皱纹

1 在眼角皱纹处进行涂抹。

2 使用同样的方法，去除面部其他区域的皱纹，最终效果如图所示。

> 聪聪，在取样的过程中要注意根据实际情况改变画笔直径的大小，这样修复后的图像才更加完美。

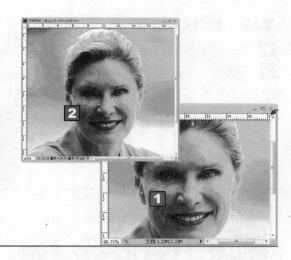

3. 修补工具

 知识讲解

"修补工具" ▣是一种使用非常频繁的修复工具，可以非常方便地对图像中的某一个区域进行修补，其具体操作方法如下。

（1）单击工具调板中的"修补工具"按钮▣。

（2）在图像中单击并按住鼠标左键拖动绘制出需要修复的图像区域。

（3）拖动选区到图像中与被修补处具有相似颜色的区域，然后释放鼠标。

 互动练习

在拍摄时，有时自动设置了自动记录拍摄日期的功能，使拍摄的照片中出现了拍摄日期，影响了照片的整体美观。下面练习使用"修补工具" ▣来弥补这一缺陷。

第1步　打开素材图像

1 依次选择"文件"→"打开"命令，打开素材图像"05.jpg"。

2 单击工具调板中的"缩放工具"按钮🔍，放大照片中的日期和时间。

第2步 绘制修复选区

1 单击"修补工具"按钮 。

2 在图像中单击并拖动绘制出修复选区。

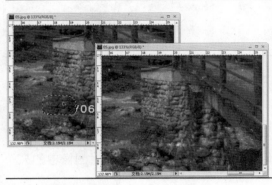

第3步 拖动并修复

1 拖动选区到图像中与日期处相似的区域，然后释放鼠标。

2 根据同样的方法，修复剩余区域的日期和时间。

4. 红眼工具

 知识讲解

　　使用"红眼工具" 可以快速去除照片中人物眼睛中由于闪光灯引起的红色、白色或绿色反光斑点。选择"红眼工具"后，只需在照片中的红眼处单击即可。

　　"红眼工具"选项栏如下图所示。

　　■ **"瞳孔大小"数值框**：用于设置眼睛暗色的中心大小。

　　■ **"变暗量"数值框**：用于设置瞳孔的暗度。

互动练习

　　下面练习使用"红眼工具" ，消除照片中出现的红眼。

第1步 打开素材图像

1 依次选择"文件"→"打开"命令，打开素材图像"06.jpg"。

2 单击工具调板中的"缩放工具"按钮 ，放大人物红眼部分。

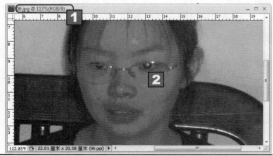

技巧 在使用"修补工具"修补选区时，可以适当地放大选区。

第2步　消除红眼

1. 单击工具调板中的"红眼工具"按钮 。

2. 在选项栏中设置"瞳孔大小"为"50%"，设置"变暗量"为"30%"。

3. 移动光标到瞳孔上，然后单击鼠标左键，即可自动修复红眼。

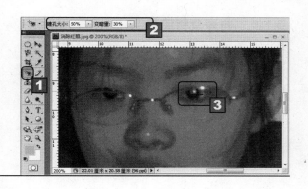

>> 4.1.2　图章工具组

图章工具组主要用于对图像的修补和复制等处理，它包括"仿制图章工具" 和"图案图章工具" 。按住工具调板中的 按钮不放，将显示其下拉列表工具组。

1．仿制图章工具

 知识讲解

使用"仿制图章工具" 可以将图像中的部分区域复制到同一图像的其他位置或另一图像中。复制后的图像与原图像的亮度、色相和饱和度保持一致，具体操作方法如下。

（1）单击"仿制图章工具"按钮 。

（2）在选项栏中设置画笔直径、模式、不透明度、流量和对齐方式等参数。

（3）按住"Alt"键，同时在图像上单击鼠标左键进行取样。

（4）在图像的其他地方进行涂抹。

选择"仿制图章工具"后，选项栏如下图所示。

- ■ **"不透明度"文本框**：用于设置复制图像时图像的透明度，数值越大，效果越明显。
- ■ **"流量"文本框**：用于设置复制图像时画笔的压力，数值越大，效果越明显。
- ■ **"喷枪"按钮**：单击该按钮，将模拟喷枪绘画效果进行图像的复制。
- ■ **"样本"下拉列表框**：用于设置取样和复制时起作用的图层，一般情况下保持默认设置即可。

互动练习

在拍摄照片时，常常会拍下一些影响照片的整体效果的障碍物，下面练习使用"仿制图章工具"清除照片中出现的电线。

第1步　打开素材图像

依次选择"文件"→"打开"命令，打开素材图像"07.jpg"，图像中出现的一条电线影响了整体美观。

第2步　进行取样

1 单击工具调板中的"仿制图章工具"按钮 。

2 在选项栏中设置画笔直径为"19px"。

3 按住"Alt"键，同时在文档窗口中单击进行取样。

第3步　去除障碍物

1 将鼠标光标移动到图像中要去除的电线上。

2 沿着电线横向进行涂抹，直至将电线完全涂抹掉为止。

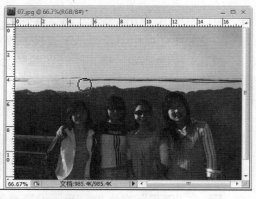

第4步　查看修改后的图像

去除障碍物后，照片变得更加完美，最终效果如图所示。

技巧　按下"S"键可以快速选择"仿制图章工具"。

2. 图案图章工具

 知识讲解

　　"图案图章工具" 和"仿制图章工具" 的基本功能相似，但该工具不是复制图像中的局部图像，而是将某种预定义的图案填充到图像中。单击"图案图章工具"按钮，，在选项栏中选择一种填充图案，然后在图像中进行涂抹即可。选择"图案图章工具"后，选项栏如下图所示。

■　　：单击其右侧的按钮，可以在弹出的下拉列表中选择需要的填充图案。

　　博士，填充图案只有图案列表框中列出的两种吗？

　　当然不是了，这只是系统默认的两种图案。单击图案列表框右上侧的按钮，在弹出的下拉列表框中选择相应的菜单命令，即可载入其他图案。

 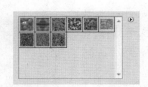

■　　"印象派效果"复选框：勾选该复选框，填充的图案将具有印象派艺术画的效果。

 互动练习

　　下面练习使用"图案图章工具"为图像"08.jpg"中的马克杯添加图案，并将其存储为"马克杯.jpg"。

第1步　打开素材图像

依次选择"文件"→"打开"命令，打开素材图像"08.jpg"，图像为一个没有任何图案的白色马克杯。

第2步 载入图案

1 单击工具调板中的"图案图章工具"按钮，然后在选项栏中单击右侧的按钮。

2 单击列表框右上侧的按钮，在弹出的快捷菜单中选择"自然图案"命令。

3 在弹出的提示对话框中单击"追加"按钮，即可载入图案。

第3步 设置图案

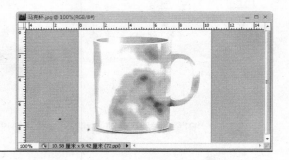

1 在选项栏中设置绘图模式为"柔光"。

2 单击右侧的按钮，在弹出的下拉列表框中选择"蓝色雏菊"图案。

3 勾选"印象派效果"复选框。

第4步 涂抹填充图案

根据实际情况调整画笔笔尖的大小，并涂抹填充图案，最终效果如图所示。依次选择"文件"→"存储为"命令，将其存储为"马克杯.jpg"。

4.2 照片美化 <<

在处理图像过程中，为了平衡图像、凸出细节，可以通过模糊工具组、减淡工具组和橡皮擦工具组来实现。

>> 4.2.1 模糊工具组

模糊工具组由"模糊工具"、"锐化工具"和"涂抹工具"组成，用于降低或增强图像的对比度和饱和度，从而使图像变得更加清晰或模糊。按住工具调板中的按钮不放，即可显示其下拉列表工具组。

■ 模糊工具
锐化工具
涂抹工具

1. 模糊工具

 知识讲解

使用"模糊工具"可以对突出的色彩或僵硬的边界进行模糊处理，从而使图像产

说明 勾选"印象派效果"复选框后，艺术效果由系统随机添加。

生柔化模糊的效果。使用"模糊工具"对图像进行模糊的具体操作方法如下。

（1）单击工具调板中的"模糊工具"按钮 。

（2）在选项栏中设置模糊强度。

（3）在图像中对需要模糊的区域进行涂抹。

互动练习

下面练习使用"模糊工具" 对人物以外的图像进行模糊处理，以突显出图片中的主体。

第1步 打开素材图像

依次选择"文件"→"打开"命令，打开素材

图像"09.jpg"。

第2步 涂抹产生模糊

1 单击工具调板中的"模糊工具"按钮 。

2 在选项栏中设置"强度"为"50%"。

3 按住鼠标左键，在人物的周围拖动鼠标光标进行涂抹。

2. 锐化工具

"锐化工具" 的效果正好和"模糊工具" 相反，"锐化工具"通过增大图像相邻像素间的色彩反差使图像看起来更加清晰。其具体操作方法和使用"模糊工具"的方法相同，只需单击该工具按钮，然后在图像中涂抹即可。

3. 涂抹工具

"涂抹工具" 可以实现对图像的局部变形处理，该工具经过处的颜色会进行融合挤压，从而产生一种特殊的效果。

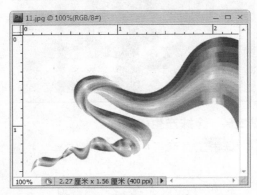

>> 4.2.2 减淡工具组

减淡工具组由"减淡工具"、"加深工具"和"海绵工具"组成，用于调整图像中颜色的亮度或饱和度。按住工具调板中的按钮不放，即可显示其下拉列表工具组。

1. 减淡工具

"减淡工具"主要用于改变图像的曝光度，对图像中局部曝光不足的区域进行加亮处理。使用"减淡工具"增加图像亮度的具体方法如下。

（1）单击工具调板中的"减淡工具"按钮。

（2）在选项栏中设置调整范围和曝光度。

（3）在图像中需要增亮的区域涂抹。

选择"减淡工具"后，选项栏如下图所示。

画笔: 65 | 范围: 中间调 ▼ | 曝光度: 50% ▶ | ✓保护色调

- ■ **"范围"下拉列表框**：单击其右侧的▼按钮，在弹出的下拉列表中可选择需要调整的亮度范围。
- ■ **"曝光度"文本框**：用于设置涂抹过程中的曝光程度，数值越大，产生的效果就越明显。

 互动练习

下面练习使用"减淡工具" 为素材图像"12.jpg"的整体和局部增加亮度。

第1步　打开素材图像

依次选择"文件"→"打开"命令，打开素材图像"12.jpg"。

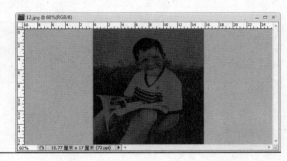

第2步　增加图像整体亮度

1 单击"减淡工具"按钮 。

2 在选项栏中设置画笔直径为"200px"。

3 沿着整个图片进行涂抹，增加其亮度。

第3步　增加图像局部亮度

1 在选项栏中设置画笔直径为"65px"。

2 在选项栏中设置"范围"为"高光"。

3 对人物进行涂抹，以加强高光效果。

2. 加深工具

"加深工具" 的效果正好与"减淡工具" 相反，"加深工具"主要用于改变图像的曝光度，它通过降低图像中特定区域的曝光度使特定区域内的图像变暗。

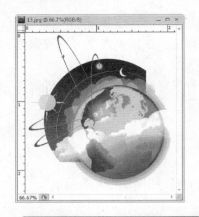 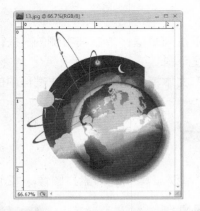

聪聪，如果要对图像的整体进行亮度增加或降低，最好使用色调调整命令来实现；如要只是对图像的局部进行亮度增加或降低，则可以使用"加深工具"或"减淡工具"来实现。

3. 海绵工具

 知识讲解

"海绵工具" 主要用于对图像局部饱和度进行增加或降低处理，从而增加或降低图像的光泽度。选择"海绵工具"后，选项栏如下图所示。

海绵工具选项栏：画笔 65，模式 降低饱和度，流量 50%，自然饱和度

在"模式"下拉列表中提供了两个选项，选择"饱和"选项，表示涂抹时将增加颜色的饱和度；选择"降低饱和度"选项，表示涂抹时将降低颜色的饱和度。

 互动练习

下面练习使用"海绵工具" 增加图像中人物面部皮肤的饱和度，使得皮肤看起来比较有光泽。

第1步　设置海绵工具

1 依次选择"文件"→"打开"命令，打开素材图像"14.jpg"。

2 单击工具调板中的"海绵工具"按钮 。

3 在选项栏中设置画笔直径为"400px"。

4 设置"模式"为"饱和"。

技巧 如果被修饰的区域太小，最好采用单击的方式实现。

第2步　增加面部饱和度

1 移动鼠标至人物面部上。

2 单击鼠标左键，增加面部的饱和度。

> 增加饱和度后，人物脸色显得更粉嫩了！

>> 4.2.3　橡皮擦工具组

橡皮擦工具组由"橡皮擦工具" 、"背景橡皮擦工具" 和"魔术橡皮擦工具" 组成。按住工具栏中的 按钮不放，将显示其下拉列表工具组。

■ 橡皮擦工具　　E
背景橡皮擦工具　E
魔术橡皮擦工具　E

1. 橡皮擦工具

知识讲解

"橡皮擦工具" 可以擦除图像中不需要的像素，并自动以背景色填充擦除区域。如果对图层使用，则擦除区域将变为透明状态。选择"橡皮擦工具"后，选项栏如下图所示。

画笔: · 模式: 画笔 ▼ 不透明度: 100% ▸ 流量: 100% ▸ ☐抹到历史记录

- ■ **"模式"下拉列表框**：在该下拉列表框中可以选择橡皮擦的擦除方式，其中包括"画笔"、"铅笔"和"块"三种模式。
- ■ **"抹到历史记录"复选框**：勾选该复选框，系统将不会以背景色或透明填充被擦除的区域，而是以"历史记录"调板中选择的图像状态覆盖当前被擦除的区域。

互动练习

下面练习将一幅婴儿图像复制到另一幅图像中，并使用"橡皮擦工具"擦除婴儿周围多余的像素，然后将其存储为"花中的婴儿.psd"。

第1步　打开素材图像

1 依次选择"文件"→"打开"命令，打开素材图像"15.jpg"。

2 用同样的方法打开素材图像"16.jpg"。

"橡皮擦工具"选项栏中的"不透明度"和"流量参数"与修饰工具中的含义相同。　**说明**

第2步 复制图像

按住 "Ctrl" 键的同时将 "15.jpg" 文档窗口中的图像拖动到 "16.jpg" 文档窗口中，然后释放鼠标，完成图像的复制。

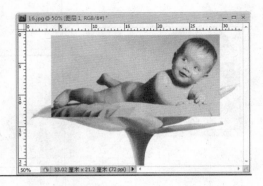

第3步 擦除图像

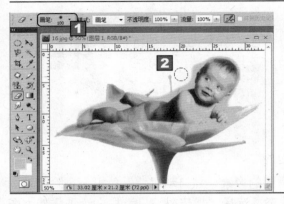

1 单击工具调板中的 "橡皮擦工具" 按钮 ，在选项栏中设置画笔直径为 "100px"。

2 沿婴儿的周围涂抹，擦除婴儿周围多余的像素。

第4步 查看并存储图像

在对多余像素进行擦除操作时，可以根据需要调整画笔直径的大小，最终效果如图所示。依次选择 "文件" → "存储为" 命令，将图像文件存储为 "花中的婴儿.psd"。

2. 背景橡皮擦工具

"背景橡皮擦工具" 可以擦除图像中相同或相似的像素并使之透明，选择该工具后，选项栏如下图所示。

- ■ **"取样：连续" 按钮** ：单击该按钮，即可使用此工具进行连续取样，此时工具调板中的背景色会随操作不断变化。
- ■ **"取样：一次" 按钮** ：单击该按钮，仅可以在开始进行擦除操作时进行一次取样操作，此时工具调板中的背景色为第一次单击图像所取得的颜色。
- ■ **"取样：背景色板" 按钮** ：单击该按钮，即可用背景色进行取样，在该模式下只能擦除图像中有背景色的区域。
- ■ **"限制" 下拉列表框** ：单击其右侧的 按钮，在弹出的下拉列表中可以选择擦除所限制的类型。选择 "不连续" 选项，可以擦除所有操作区域内与取样颜色

说明 按下 "E" 键可以快速选择 "橡皮擦工具"。

相同或相近的区域；选择"连续"选项，只能擦除在容差范围内与取样颜色连续的区域；选择"查找边缘"选项，可以在擦除颜色时保存图像中对比鲜明的边缘。

- **"容差"文本框**：用于设置擦除图像时的色彩范围。数值越大，擦除的区域越大。
- **"保护前景色"复选框**：勾选该复选框，在擦除图像时，与前景色相同的图像区域不会被擦除。

3. 魔术橡皮擦工具

 知识讲解

使用"魔术橡皮擦工具" 可以快速擦除图像中所有与取样颜色相同或相近的像素。选择该工具后，选项栏如下图所示。

容差: 32 ☑消除锯齿 ☑连续 ☐对所有图层取样 不透明度: 100%

- **"消除锯齿"复选框**：勾选该复选框，可以消除擦除操作后图像出现的锯齿。
- **"连续"复选框**：勾选该复选框，只能擦除与单击处颜色相连的相似颜色。

 互动练习

下面练习使用"魔术橡皮擦工具" 快速擦除一幅人物图像的背景颜色，然后将其拖动到另一幅图像中。

第1步 删除背景颜色

1 依次选择"文件"→"打开"命令，打开素材图像"17.jpg"。

2 单击"魔术橡皮擦工具"按钮 ，在背景上单击，快速擦除背景颜色。

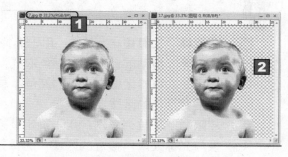

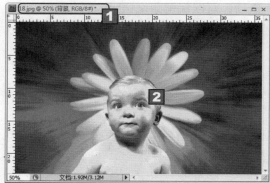

第2步 拖动人物到新图像中

1 依次选择"文件"→"打开"命令，打开素材图像"18.jpg"。

2 拖动擦除后的图像至图像"18.jpg"文档窗口中。

>> 4.2.4 颜色替换工具

 知识讲解

"颜色替换工具" 位于画笔工具组中，使用"颜色替换工具"能够任意更改当前图像中不同区域的颜色，同时保留原始图像的纹理和阴影。使用"颜色替换工具"对图像文件进行颜色替换的具体操作方法如下。

（1）单击"颜色替换工具"按钮。

（2）单击工具调板中的"设置前景色"按钮，在弹出的"拾色器"对话框中选取合适的颜色，然后单击"确定"按钮。

（3）在窗口中需要替换颜色的区域上进行涂抹，将涂抹处的颜色替换为前景色。

选择"颜色替换工具"后，选项栏如下图所示。

| ⤴ · | 画笔: ●₆₈ · | 模式: 颜色 ▾ | ✐✐✐ | 限制: 连续 ▾ | 容差: 30% ▸ | ☑消除锯齿 |

- ■ **"模式"下拉列表框：** 单击其右侧的 ▾ 按钮，在弹出的下拉列表中将显示绘画模式，默认为"颜色"模式。

 博士，怎样区分在哪种时候选择哪种模式呢？

如果要替换颜色，应该选择"颜色"模式；如果只想改变颜色的一种属性，如色相，则选择"色相"模式即可。

- ■ **"取样"工具组** ✐✐✐ **：** 用于选择取样的类型。单击"取样：连续"按钮 ✐ 后，可以拖动鼠标连续对颜色取样；单击"取样：一次"按钮 ✐ 后，只替换包括第一次取样区域中目标的颜色；单击"取样：背景色板"按钮 ✐ 后，只替换包括背景色的区域。

- ■ **"限制"下拉列表框：** 用于确定替换颜色的范围。选择"连续"选项，可以替换与光标处颜色接近的区域；选择"不连续"选项，可以替换被选图像中任何位置的样本颜色；选择"查找边缘"选项，可以保留图像边缘的锐化程度。

- ■ **"容差"文本框：** 通过输入数值或者拖动其滑块可以设置颜色容差的大小。数值越大，替换颜色的范围就越大。

 互动练习

下面练习使用"颜色替换工具"，将素材图像"02.jpg"中人物衣服的颜色由红色替换成蓝色，并将其存储为"颜色替换.jpg"。

说明 使用"颜色替换工具"可以快速替换所选图像的颜色。

第1步　打开素材图像

依次选择"文件"→"打开"命令，打开素材图像"02.jpg"，图像中人物的衣服呈红色显示。

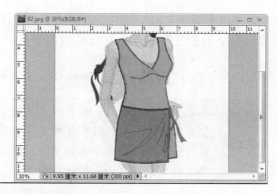

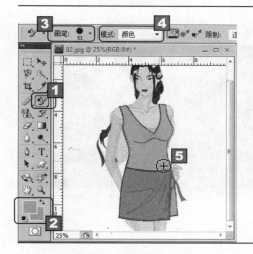

第2步　替换颜色

1　在工具调板中单击"颜色替换工具"按钮 ∮。

2　设置"前景色"为"蓝色"，"背景色"为衣服的颜色，即红色。

3　在选项栏的"画笔"下拉列表中设置画笔的直径为"51px"。

4　设置"模式"为"颜色"。

5　在文档窗口中需要替换的颜色区域上涂抹。

第3步　查看修改后的图像

替换颜色后，图像文件中人物衣服的颜色由红色变成蓝色，最终效果如图所示。

 在涂抹的过程中要注意不要涂到不需要替换的颜色区域。可以先创建选区，然后再进行涂抹。

>> 4.2.5　裁剪工具

 知识讲解

　　平面设计人员在设计作品时，常常需要对图像文件做一些裁剪。最常见的情况就是使用"裁剪工具"去除图像中影响主题的多余景物，其具体操作方法如下。

対衣服颜色进行颜色取样后，取样后的颜色将显示在工具调板的背景色颜色块中。　説明

（1）单击工具调板中的"裁剪工具"按钮。

（2）在图像中单击并拖动绘制裁剪框，裁剪框之外的区域将被删除。

（3）按下"Enter"键。

裁剪框

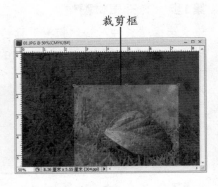

聪聪，将鼠标放置在裁剪框内并拖动，可以调整裁剪框的位置；将鼠标放置在裁剪框的边缘处，当鼠标呈双向箭头显示时，拖动鼠标即可调整裁剪框的大小或进行旋转。

互动练习

下面练习使用"裁剪工具"去除一幅图像文件中的空白区域，以突出显示图像中的花朵。

第1步　打开素材图像

依次选择"文件"→"打开"命令，打开素材图像"22.jpg"，图像中出现大量的空白区域。

第2步　绘制裁剪框

1 单击工具调板中的"裁剪工具"按钮。

2 沿图像文件中的花朵绘制裁剪框。

技巧　绘制完裁剪框后，依次选择"图像"→"裁剪"命令，可以删除裁剪框之外的区域。

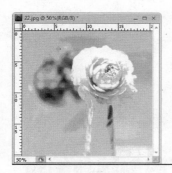

第3步　应用裁剪

按下"Enter"键应用裁剪，系统会根据裁剪后的图像调整图像大小，最终效果如图所示。

 在绘制好裁剪框后，单击鼠标右键，在弹出的快捷菜单中选择"取消"命令，可取消裁剪框。

4.3　上机练习 ——————————————— <<

　　本章上机练习一将使用各种修复工具先除去人物面部的黑斑和皱纹，然后使用"模糊工具"调整人物面部的细节，最后使用"减淡工具"调整人物面部的润泽度；练习二将使用"模糊工具"将人物以外的图像进行模糊处理，以突显主体。制作效果及制作提示如下。

练习一　修复图像

1 打开素材图像"19.jpg"。

2 使用"污点修复画笔工具"去除人物面部的黑斑。

3 使用"修补工具"去除人物面部的皱纹。

4 使用"模糊工具"调整人物面部的细节。

5 使用"减淡工具"调整人物面部的润泽度。

练习二　突显图像主体

1 打开素材图像"21.jpg"。

2 使用"模糊工具"对除人物以外的图像进行涂抹。

 这里进行模糊操作时，在选项栏中设置"强度"为"100%"。

第5章 选区的创建与编辑

- ▣ 使用选区工具创建选区
- ▣ 移动、修改、变换选区
- ▣ 存储和载入选区
- ▣ 对选区进行填充和描边

博士，如果我只想对图像的部分区域进行调整，其余区域保持不变，该如何操作呢？

为了实现对图像区域的处理，可以先使用工具调板中的选区工具将需要处理的部分限定，然后再对限定部分进行相应的调整。当对整个图像进行处理时，取消选区即可。

聪聪，对选区进行修改、变换、填充或描边等操作，可以制作出不同的图像效果。

5.1 选区的创建 —————————————————————————— <<

在Photoshop CS4中，选区用于分离图像的一个或多个部分。通过选区，可以对图像的局部进行编辑，同时保证未选定区域不变。

在图像中创建选区后，在被选取的图像区域的边界会出现一条流动的虚线，被称为"选框"，只有对选框以内的区域才能进行各种操作。

 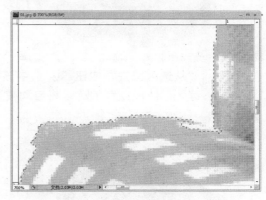

>> 5.1.1 使用选框工具组创建选区

选框工具组由"矩形选框工具" 、"椭圆选框工具" 、"单行选框工具" 和"单列选框工具" 组成。利用这些规则的选区工具，可以实现一些简单形状选区的创建。按住工具调板中的 按钮不放，即可显示其下拉列表工具组。

1. 矩形选框工具

"矩形选框工具" 用于创建矩形或正方形选区。使用"矩形选框工具"创建选区的具体操作方法如下。

（1）单击工具调板中的"矩形选框工具"按钮 。
（2）在文档窗口中单击并按住鼠标左键，确定矩形选区的起始点。
（3）拖动鼠标确定矩形选区的另一个点。
（4）释放鼠标。

"矩形选框工具"对应的选项栏中内置了多个参数选项，通过它们可以连续绘制多个选区，还可以绘制圆角的选区。

- ■ **"新选区"按钮** ：系统默认选中该按钮，如果已经绘制了一个选区，再继续绘制选区，以前的选区将会自动取消。
- ■ **"添加到选区"按钮** ：选中该按钮后，如果已经绘制了一个选区，再继续绘制选区，最终选区为绘制的所有选区之和。

■ **"从选区减去"按钮**：选中该按钮，如果已经绘制了一个选区，再继续绘制选区，以前绘制的选区将自动减去新绘制的选区。

■ **"与选区交叉"按钮**：选中该按钮，如果已经绘制了一个选区，再继续绘制选区，最终选区为两个选区的交叉部分。

■ **"羽化"文本框**：用于控制选区边缘的柔和程度，数值越大，选区边缘越柔和。

■ **"样式"下拉列表框**：用于设置绘制方式，有"正常"、"固定比例"和"固定大小"三种方式。系统默认设置为"正常"方式，表示可以通过鼠标任意调整选区的大小；选择"固定比例"选项，可以在其右侧的"宽度"和"高度"文本框中输入数值来控制矩形的长宽比；选择"固定大小"选项，可以在其右侧的"宽度"和"高度"文本框中输入数值来控制矩形的宽度和高度。

技巧 按下"Shift+M"组合键可以在"矩形选框工具"和"椭圆选框工具"之间进行切换。

聪聪，如果在选项栏中选择了"固定大小"选项，那么只需在文档窗口中单击鼠标左键即可完成选区的创建。

互动练习 ▶

下面练习使用"矩形选框工具" 创建选区，然后对图像进行合成，并将其保存为"全家福.jpg"。

第1步　绘制羽化选区

1 依次选择"文件"→"打开"命令，打开素材图像"03.jpg"。

2 单击工具调板中的"矩形选框工具"按钮 。

3 在选项栏中设置"羽化"为"20px"。

4 创建如图所示的选区。

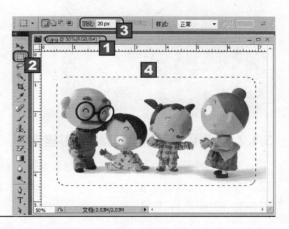

第2步　合成图像

1 依次选择"文件"→"打开"命令，打开素材图像"04.jpg"。

2 按住"Ctrl"键拖动选区内的图像到新图像文件中，最终效果如图所示。

2. 椭圆选框工具

"椭圆选框工具" 用于建立椭圆或正圆选区，它和矩形选框工具对应的选项栏相似，绘制的方法也完全相同。

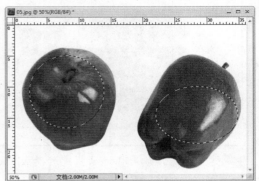

博士，绘制出选区后，如果要进行其他操作，该怎样取消选区呢？

只要依次选择"选择"→"取消"命令，或者按下"Ctrl+D"组合键，即可取消选区。

3. 单行/单列选框工具

利用"单行选框工具" 或"单列选框工具" 可以方便地在图像中创建出具有一个像素宽度的水平或垂直选区。

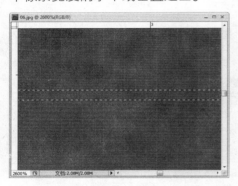 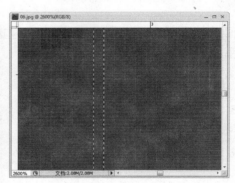

>> 5.1.2 使用快速选择工具组创建选区

快速选择工具组由"快速选择工具" 和"魔棒工具" 组成，按住工具调板中的 按钮不放，将显示其下拉列表工具组。

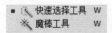

1. 快速选择工具

"快速选择工具" 可以在需要创建选区的范围内进行涂抹，以快速绘制选区。在绘制选区时，用户可以根据需要调整画笔的大小、间距和硬度等参数。

技巧 按下"Ctrl+H"组合键可以快速隐藏选区，再次按下"Ctrl+H"组合键即可显示选区。

单击"快速选择工具"按钮，它所对应的选项栏如下图所示。

> - **"新选区"按钮**：系统默认选中该按钮，创建初始选区后，系统将自动更改为选中"添加到选区"按钮。
> - **"添加到选区"按钮**：单击该按钮后，可以在原有选区的基础上添加新的选区范围。
> - **"从选区减去"按钮**：单击该按钮后，可以在原有选区的基础上减去鼠标拖动处的图像区域。
> - **"自动增强"复选框**：勾选该复选框，可以减少选区边界的粗糙度。

2. 魔棒工具

 知识讲解

"魔棒工具"用于选择图像中颜色相同或相似的不规则区域。单击"魔棒工具"按钮后，选择图像中的某个点，即可将图像中该点附近颜色相同或相似的区域选出。
单击"魔棒工具"按钮，它所对应的选项栏如下图所示。

> - **"容差"文本框**：用于设置选定颜色的相似范围的大小。数值越大，选区的颜色区域越广。
> - **"连续"复选框**：勾选该复选框，只能选择与单击点相连的同色区域。
> - **"对所有图层取样"复选框**：勾选该复选框，可以将当前文件中所有可见图层中的相同颜色区域全部选中。

 互动练习

下面练习使用"魔棒工具"绘制出水果的选区，然后改变图像的背景。

第1步 绘制水果以外选区

1. 依次选择"文件"→"打开"命令，打开素材图像"05.jpg"。
2. 单击工具调板中的"魔棒工具"按钮。
3. 在选项栏中设置"容差"为"20"。
4. 单击水果周围的白色区域，选中所有的白色区域。

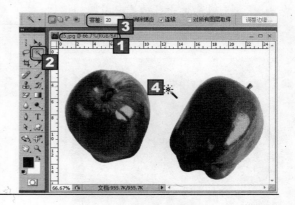

第2步　反向选区并改变图像背景

1 依次选择"选择"→"反向"命令，选择素材图像中的水果。

2 依次选择"文件"→"打开"命令，打开素材图像"08.jpg"。

3 按住"Ctrl"键并拖动选区中的图像到新文档窗口中，如图所示。

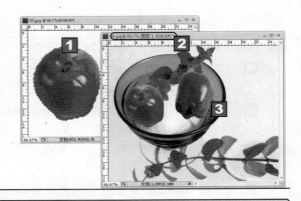

 博士，"魔棒工具"的使用方法和前面介绍的"魔术橡皮擦工具"的使用方法一模一样呢！

 不错，观察得挺仔细嘛！不过它们是有区别的，使用"魔棒工具"创建选区后，按下"Delete"键，将以设置的背景色对删除的区域进行填充。而"魔术橡皮擦工具"是选择与单击处相似的颜色，然后将选区的颜色删除。现在明白"魔棒工具"和"魔术橡皮擦工具"之间的不同了吧！

>> 5.1.3　使用套索工具组创建选区

套索工具组由"套索工具" 、"多边形套索工具" 和"磁性套索工具" 组成。按住工具调板中的 按钮不放，即可显示其下拉列表工具组。

1. 套索工具

先单击"套索工具"按钮，然后在图像中按住鼠标左键并拖动，即可绘制出任意形状的选区，释放鼠标后，绘制出的选区将会自动闭合。

 聪聪，使用"套索工具"可以在文档窗口中绘制相互交叉的线条，释放鼠标后，线条将会自动连成封闭的选区。

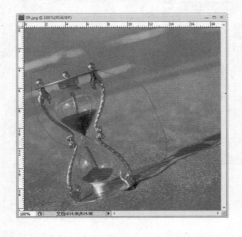
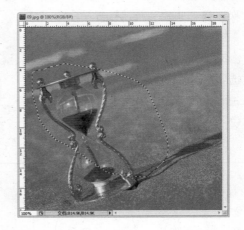

技巧 按下"Shift+Ctrl+I"组合键即可快速反向选择选区。

2. 多边形套索工具

 **知识讲解**

使用"多边形套索工具" 可以绘制不规则的多边形选区，使用"多边形套索工具"绘制选区的具体操作方法如下。

（1）单击工具调板中的"多边形套索工具"按钮 🔲，在文档窗口中单击确定选区的起始点。

（2）绘制多边形选区上各个角点所在的顶点。

（3）单击起始点，完成多边形选区的绘制。

互动练习

下面练习使用"多边形套索工具"在素材图像中沿着笔记本的边缘绘制多边形选区。

第1步　确定选区起始点

1 依次选择"文件"→"打开"命令，打开素材图像"10.jpg"。

2 单击工具调板中的"多边形套索工具"按钮 🔲。

3 在笔记本的左上侧单击，确定选区的起始点。

第2步　完成绘制多边形选区

1 沿着笔记本的边缘，在另外的3个角点处单击。

2 单击起始点，完成多边形选区的绘制。

 绘制过程中，按下"Delete"键即可删除最近选取的多边形顶点。按住"Delete"键，即可依次删除选区的边线。

3. 磁性套索工具

 知识讲解 ▶

　　"磁性套索工具" 是一个智能化的工具，适用于在图像颜色与背景颜色反差较大的区域创建选区。使用"磁性套索工具"创建选区的具体操作方法如下。

（1）单击工具调板中的"磁性套索工具"按钮 ，选择图像边缘单击，确定选区的起始点。

（2）沿着图像边缘移动鼠标，"磁性套索工具"会自动捕捉图像中对比度较大的颜色边界并产生关键点。

（3）当起始点和结束点重合时单击，完成选区的绘制。

互动练习 ▶

　　下面练习使用"磁性套索工具" ，在文档窗口中创建选区并改变其背景。

第1步　打开素材图像

依次选择"文件"→"打开"命令，打开素材图像
"11.jpg"。

第2步　绘制选区

1 单击工具调板中的"磁性套索工具"按钮 。

2 在海鸥的左侧单击，并沿着其边缘移动，产生关键点。

3 移动鼠标光标到起始点，单击完成选区的绘制。

 　　在边缘锐利的图像上，可以用较大的宽度和较高的对比度，大致跟踪边缘；在边缘柔和的图像上，可以用较小的宽度和较低的对比度，更精确地跟踪边缘。另外，在使用"磁性套索工具"创建选区的过程中，如果出现超出需要范围的关键点，可按【Delete】键将其删除。

技巧　使用"磁性套索工具"绘制选区，在移动鼠标时应尽量慢点儿。

第3步 合成图像

1 依次选择"文件"→"打开"命令，打开
素材图像"12.jpg"。

2 按住"Ctrl"键并拖动选区中的图像到新
文档窗口中，最终效果如图所示。

>> 5.1.4 使用"色彩范围"命令创建选区

　　使用"色彩范围"命令可以在图像中查找与指定颜色相同或相近的区域，然后将这
些区域选中。用户还可以通过指定其他颜色来增加或减少选择区域。使用"色彩范围"
命令创建选区的具体操作方法如下。

（1）打开需要创建选区的素材图像。

（2）依次选择"选择"→"色彩范围"命令，
　　弹出"色彩范围"对话框。

（3）在"选择"下拉列表框中指定颜色的选择
　　方式。

（4）在预览框或文档窗口中单击进行颜色的取
　　样。

（5）拖动"颜色容差"的滑块设置颜色取样范
　　围。

（6）单击"确定"按钮。

■ **"选择"下拉列表框**：单击其右侧的▼按钮，可以在弹
出的下拉列表框中选择颜色取样方式。如果要选择图像
文件中的某种颜色，只需在该下拉列表框中选择颜色所
对应的选项即可，如右图所示。

■ **"本地化颜色簇"复选框**：勾选该复选框，可以在图像
中创建精确的选区，选择多个颜色范围。

■ **"颜色容差"文本框**：用于控制选取颜色的范围，数值越大，被选取的颜色范
围越大。

■ **"选择范围"单选项**：选择该单选项，预览框中的白色部分表示被选择的区
域，黑色部分表示未被选择的区域，中间色调部分表示部分被选择。

■ **"图像"单选项**：选择该单选项，预览框中将显示图像的彩色模式。

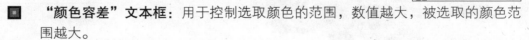

Chapter 5

- ◼ **取样工具组** ：系统默认选中"吸管工具"按钮 ✎，用于在图像中进行颜色取样；选中"添加到取样"按钮 ✎，可以增加选择范围；选中"从取样中减去"按钮 ✎，可以减去图像中不需要的区域。

- ◼ **"反相"复选框**：勾选该复选框，预览框中的颜色将反相显示。

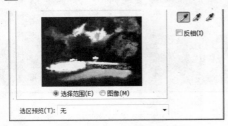 

互动练习

下面练习使用"色彩范围"命令来选择图像中的水果，并改变其背景图像。

第1步　选择背景区域

1 依次选择"文件"→"打开"命令，打开素材图像"13.jpg"。

2 依次选择"选择"→"色彩范围"命令，弹出"色彩范围"对话框。

3 设置"颜色容差"为"30"。

4 在预览框中的背景区域单击取样。

5 单击"确定"按钮。

第2步　改变背景

1 依次选择"选择"→"反向"命令，使选区反向选取图像中的水果。

2 依次选择"文件"→"打开"命令，打开素材图像"14.jpg"。

3 按住"Ctrl"键并拖动选区中的图像到新文档窗口中，如图所示。

说明 上一章介绍的"颜色替换工具"也可以通过容差设置颜色范围。

5.2 选区的编辑 —————————— <<

在平面设计中，有时直接创建的选区并不能完全满足图像处理的需要，这就要求对选区进行编辑，以满足设计需要。

>> 5.2.1 移动选区

移动选区是指选区在位置上的变化，用户可以根据需要将选区移动到任意位置。要移动选区，首先要保证当前工具为任意的选区工具，然后将鼠标移动到选区内，当鼠标指针变为 形状显示时，即可按住鼠标左键对选区进行拖动。

博士，为什么我移动选区时，选区中的图像也跟着移动呢？

聪聪，如果使用"移动工具" 移动选区，选区中的图像就会跟着移动。

利用鼠标指针移动选区时，常常会不精确。如果要精确地移动选区，可以通过键盘上的"↑"、"↓"、"←"和"→"方向键来完成。每按一次方向键选区将向指定的方向移动一个像素的距离。

聪聪，如果想快速移动选区，还能知道移动的距离，可以在按住"Shift"键的同时按方向键，即可一次实现选区移动10个像素的距离。

>> 5.2.2 修改选区

修改选区就是对已经存在的选区进行扩展、收缩、平滑或增加边界等处理，从而使选区发生改变。

1. 设置选区边界

"边界"命令用于设置选区周围的图像宽度，从而使选区呈环形显示。增加边界只需要依次选择"选择"→"修改"→"边界"命令，在弹出的"边界选区"对话框的"宽度"文本框中输入相应的数值，然后单击"确定"按钮即可。

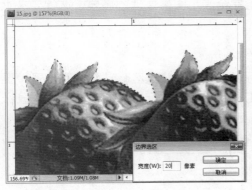 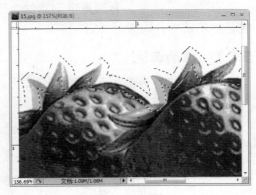

2. 平滑选区

"平滑"命令用于设置选区边缘的平滑度，消除选区边缘的锯齿。依次选择"选择"→"修改"→"平滑"命令，在弹出的"平滑选区"对话框的"取样半径"文本框中输入相应的数值，然后单击"确定"按钮即可。

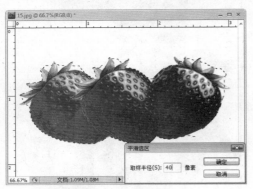 

3. 扩展选区

"扩展"命令用于将选区向外扩大，从而增大选区的范围。依次选择"选择"→"修改"→"扩展"命令，在弹出的"扩展选区"对话框的"扩展量"文本框中输入相应的数值，然后单击"确定"按钮即可。

说明 "平滑选区"对话框中的"取样半径"的取值范围为1~100。

4. 收缩选区

　　"收缩"命令刚好与"扩展"命令相反，它用于将选区的距离向内收缩，从而缩小选区的范围。依次选择"选择"→"修改"→"收缩"命令，在弹出的"收缩选区"对话框的"收缩量"文本框中输入相应的数值，然后单击"确定"按钮即可。

>> 5.2.3 变换选区

　　"变换"命令用于对选区的边界进行调整，从而改变选区的选择范围。依次选择"选择"→"变换选区"命令，即可对选区周围出现的变换框进行调整。将鼠标移至变换框，鼠标指针发生变形时单击并拖动变形框，即可实现选区的缩放和旋转，最后按下"Enter"键确定变形即可。

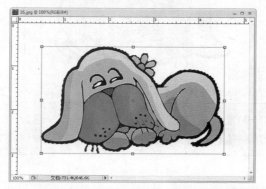
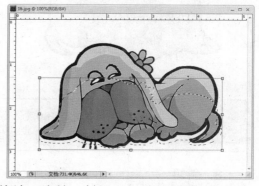

　　为实现选区的精确变换，可以对选区进行缩放、旋转、斜切、扭曲、透视、变形和翻转等操作。依次选择"编辑"→"变换"命令，即可在弹出的子菜单中选择相应的变换命令，或者在文本窗口中单击鼠标右键，在弹出的快捷菜单中选择变换命令。

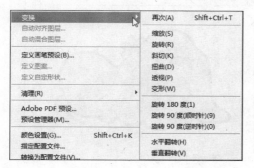

1. 缩放

选择"缩放"命令后，将鼠标移动到变换框或控制点上，当鼠标指针呈 $\updownarrow$、$\leftrightarrow$、$\nwarrow$ 或 $\nwarrow$ 显示时，按住鼠标左键进行拖动，即可实现选区的缩放。

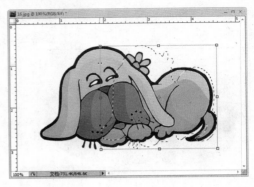

2. 旋转

选择"旋转"命令后，将鼠标移动到变换框上，当鼠标指针呈 $\curvearrowright$ 显示时，按住鼠标左键进行拖动，即可使选区绕变化中心按顺时针或逆时针方向进行旋转。

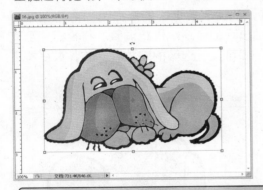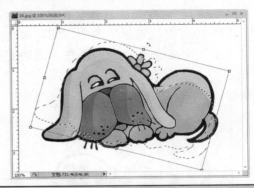

 聪聪，如果选择"旋转180度"、"旋转90度（顺时针）"或"旋转90度（逆时针）"命令，选区将自动围绕变换中心依据选择的命令进行相应角度的旋转。

3. 斜切

选择"斜切"命令后，将鼠标移动到控制点旁边，当鼠标指针呈 $\blacktriangleright$ 或 $\blacktriangleright$ 显示时，按住鼠标左键进行拖动，即可实现选区的斜切变换。

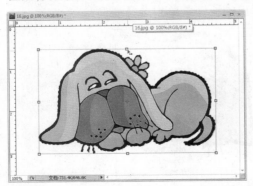

技巧 按住"Shift"键的同时拖动角控制点，可以保持长、宽比例不变缩放选区。

4.　扭曲

选择"扭曲"命令后，将鼠标移动到任意控制点上，按住鼠标左键进行拖动，即可实现选区的扭曲。

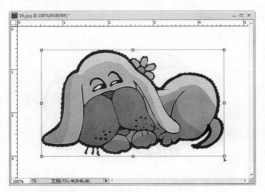 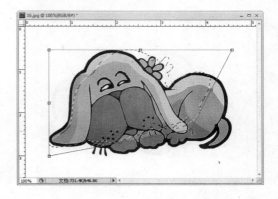

5.　透视

选择"透视"命令后，将鼠标移动到变换框4个角的任意控制点上并按住鼠标左键进行拖动，变化后的选区始终保持一种透视关系。

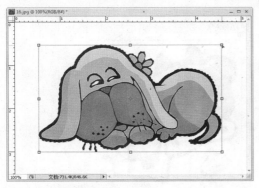 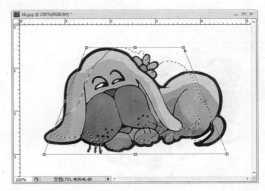

6.　变形

选择"变形"命令后，变换框内部会出现垂直相交的网格，在网格中单击并拖动可实现选区的变形。此外也可以单击并拖动网格上的黑色实心点，实心点处会出现调整手柄，拖动调整手柄同样可以实现选区的变形。

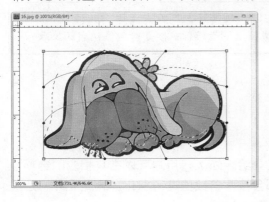 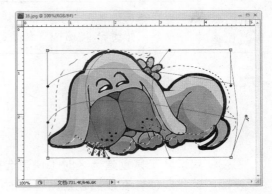

7. 翻转

选择"水平翻转"命令后，选区将以变换中心进行水平镜像；选择"垂直翻转"命令后，选区将以变换中心进行垂直镜像。

 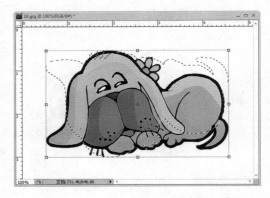

>> 5.2.4 反向和取消选区

反向选区是指选取当前选区以外的区域。依次选择"选择"→"反向"命令，或按下"Ctrl+Shift+I"组合键即可反向选取选区。

依次选择"选择"→"取消选择"命令，或按下"Ctrl+D"组合键，即可取消选择文档窗口中的所有选区。如果要恢复对图像区域的选取，可以依次选择"选择"→"重新选择"命令，或按下"Shift+Ctrl+ D"组合键即可。

 聪聪，在取消选区后，如果没有执行其他任何操作，可依次选择"编辑"→"还原"命令，或按下"Ctrl+Z"组合键，撤销上一步操作，恢复对图像区域的选取。

>> 5.2.5 羽化选区

 知识讲解

在使用选区工具创建选区时（快速选择工具组除外），用户可以在其相应的选项栏中设置"羽化"值，在以后创建新选区时，都会按此参数值进行羽化。除此之外，还可以通过"羽化"命令来完成，具体操作方法如下。

技巧 按下"Esc"键即可放弃选区的变换。

（1）依次选择"选择"→"修改"→"羽化"命令，弹出"羽化选区"对话框。
（2）在"羽化半径"文本框中输入羽化值，然后单击"确定"按钮即可。

 互动练习

下面练习使用"羽化"命令将素材图像"18.jpg"中的人物创建为选区，并与素材图像"19.jpg"合成新图像，将其保存为"相框.psd"。

第1步　创建选区

1 依次选择"文件"→"打开"命令，打开素材图像"19.jpg"。

2 单击工具调板中的"魔棒工具"按钮。

3 在文档窗口中单击创建选区。

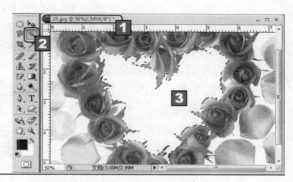

第2步　移动并羽化选区

1 依次选择"文件"→"打开"命令，打开素材图像"18.jpg"。

2 将图像文件"19.jpg"中的选区拖动至"18.jpg"中。

3 依次选择"选择"→"修改"→"羽化"命令，弹出"羽化选区"对话框。

4 在"羽化半径"文本框中输入数值"20"。

5 单击"确定"按钮。

第3步　合成图像并保存

1 按住"Ctrl"键并拖动选区中的图像到"19.jpg"文档窗口中，最终效果如图所示。

2 依次选择"文件"→"存储为"命令，将合成图像存储为"相框.psd"。

"羽化"命令可以让选区的边缘逐渐过渡，从而使图像产生更加自然的效果。 说明

>> 5.2.6　存储和载入选区

创建选区后，用户可以对当前选区进行保存，以便下次需要编辑文件时通过载入命令将其载入继续使用。

1. 存储选区

 知识讲解 ▶

使用"存储"命令不能将图像中创建的选区和文件一起保存，如果用户需要对当前选区进行保存，以便下次编辑文件时继续使用，可以进行存储选区操作。存储选区的具体操作方法如下。

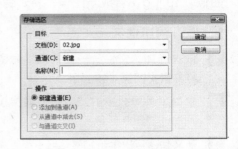

（1）在图像文件中创建一个选区，依次选择"选择"→"存储选区"命令，弹出"存储选区"对话框。

（2）保持默认参数设置，然后单击"确定"按钮，即可将选区存储于当前文档的Alpha通道中。

- ◾ **"文档"下拉列表框**：单击其右侧的▾按钮，即可在弹出的下拉列表框中选择需要存储的文件。
- ◾ **"通道"下拉列表框**：单击其右侧的▾按钮，即可在弹出的下拉列表框中选择一个目标通道或创建一个新的通道。
- ◾ **"名称"文本框**：用于设置选区所存储通道的名称。
- ◾ **"操作"栏**：用于设置存储的方式。选择"新建通道"单选项，是指在通道中替换选区；选择"添加到通道"单选项，是指向当前通道内容中添加选区；选择"从通道中减去"单选项，是指从通道内容中删除选区；选择"与通道相交"单选项，是指保持与通道内容交叉的新选区区域。

 互动练习 ▶

下面练习使用"存储选区"命令，将图像中的选区存储到通道中。

第1步　创建选区

1 依次选择"文件"→"打开"命令，打开素材图像"20.jpg"。

2 单击工具调板中的"魔棒工具"按钮。

3 单击图像背景，创建选区，然后依次选择"选择"→"反向"命令，使选区反向，选取图像中的动物。

说明　可以将任何选区存储为新的或现有的Alpha通道。

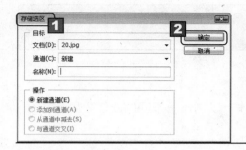

第2步 存储选区

1 依次选择"选择"→"存储选区"命令，弹出"存储选区"对话框。

2 在对话框中保持默认参数设置，然后单击"确定"按钮。

2. 载入选区

 知识讲解

载入选区和保存选区的操作相似，只需依次选择"选择"→"载入选区"命令，在弹出的"载入选区"对话框中单击"确定"按钮即可。

 互动练习

下面练习使用"载入选区"命令对上一个"互动练习"中存储的选区进行载入。

第1步 打开文件

依次选择"文件"→"打开"命令，打开素材图像"存储选区.psd"。

 新建选区后保存图像时，图像会默认保存为PSD格式。

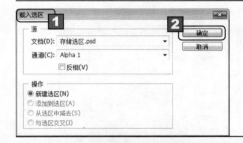

第2步 载入选区

1 依次选择"选择"→"载入选区"命令，弹出"载入选区"对话框。

2 单击"确定"按钮。

 博士，通过"载入选区"对话框载入选区有点麻烦，有没有比较快捷一点的方法来载入选区呢？

 聪聪，学习可不能怕麻烦！不过载入选区的快捷方法还是有的。按住"Ctrl"键的同时，在存储在通道调板中的Alpha通道上单击鼠标左键，即可快速载入选区。

依次选择"窗口"→"通道"命令，即可在打开的"通道"调板中查看存储的Alpha通道。　**说明**

需要注意的是，如果勾选"载入选区"对话框中的"反相"复选框，可使载入的选区反相选取。

>> 5.2.7 填充和描边选区

创建选区后，可以对选区进行填充和描边等操作，以制作出不同的图像效果。

1. 填充选区

填充选区是指使用颜色或图案填充选区包括的所有范围。填充选区的具体操作方法如下。

（1）创建要填充的选区。

（2）依次选择"编辑"→"填充"命令，弹出"填充"对话框。

（3）在"内容"栏中设置填充的颜色或图案。

（4）在"混合"栏中设置填充后图像的模式和不透明度。

（5）单击"确定"按钮。

■ **"使用"下拉列表框：**单击其右侧的▼按钮，即可在弹出的下拉列表中选择填充的内容，系统默认为"前景色"。如果要自定义填充颜色，应选择"颜色"选项，然后在打开的"选取一种颜色"对话框中选择需要的颜色即可。如果要使用图案进行填充，只需选择"图案"选项，然后单击"自定图案"后的▼按钮，在弹出的列表框中选择一种图案即可。

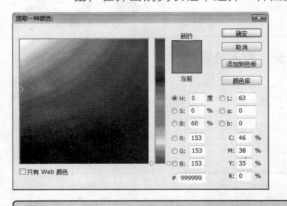

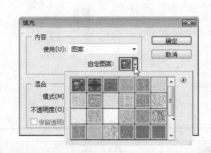

 聪聪，前景色和背景色的设置相关内容将在后面的章节中进行详细介绍。按下"Alt+Delete"组合键可以快速使用前景色进行填充，按下"Ctrl+Delete"组合键可以使用背景色进行填充。

■ **"模式"下拉列表框：**单击其右侧的▼按钮，在弹出的下拉列表中可选择一种

说明 使用"填充"命令填充选区与使用"图案图章工具"填充图案一样。

混合模式，不同的混合模式所对应的填充效果也不一样。

 互动练习

下面练习使用"填充"命令，用图案填充方式将图像处理成木刻画效果。

第1步 创建选区

1 依次选择"文件"→"打开"命令，打开素材图像"21.jpg"。

2 使用"魔棒工具"创建图像中动物所在的选区。

 聪聪，如果填充前没有创建选区，系统将默认图像所有区域为选区进行填充。

第2步 设置填充参数

1 依次选择"编辑"→"填充"命令，在弹出的"填充"对话框中设置填充方式为"图案"。

2 设置"木质"图案为填充内容

3 设置"模式"为"线性光"。

4 单击"确定"按钮。

第3步 查看填充图像

按下"Ctrl+D"组合键取消选区，填充后图像将被一层具有明暗的木纹覆盖，如图所示。

在"填充"对话框中还可以设置"不透明度"，其值越大，填充效果越明显。

2. 描边选区

 知识讲解

描边选区是指使用某种颜色沿着选区的边缘进行涂抹，描边选区的具体操作方法如下。

如果想使填充后的图案清晰可见，可以在"填充"对话框中设置"模式"为"变暗"。 99

（1）创建要描边的选区。

（2）依次选择"编辑"→"描边"命令，弹出"描边"对话框。

（3）在弹出的对话框中设置描边的宽度、颜色和位置等参数。

（4）单击"确定"按钮。

- ■ **"宽度"文本框**：用于设置描边宽度，数值越大，效果越明显。
- ■ **"颜色"色块**：用于设置描边颜色，单击它即可在打开的"选取描边颜色"对话框中选择需要的颜色。
- ■ **"位置"栏**：用于设置描边后颜色与选区边界的位置关系。

互动练习

下面练习使用"描边"命令为图像中的选区增加一个红色的轮廓。

第1步　创建选区

1 依次选择"文件"→"打开"命令，打开素材图像"22.jpg"。

2 使用"魔棒工具"创建图像中动物所在的选区。

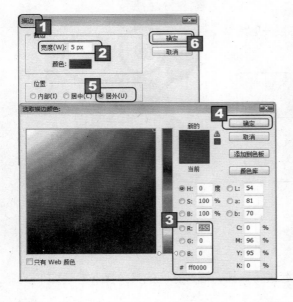

第2步　设置描边参数

1 依次选择"编辑"→"描边"命令，弹出"描边"对话框。

2 设置"宽度"为"5 px"。

3 单击"颜色"色块，在弹出的"选取描边颜色"对话框中设置颜色为"红色"。

4 在"选取描边颜色"对话框中单击"确定"按钮。

5 在"位置"栏中选择"居外"单选项。

6 在"描边"对话框中单击"确定"按钮。

技巧　"不透明度"用于设置描边后颜色的透明度，数值越小，描边产生的颜色越透明。

第3步 查看描边图像

按下"Ctrl+D"组合键取消选区，描边后突显出图像的主体，最终效果如图所示。

 为了使描边后的颜色产生发光的效果，可以在描边前创建具有羽化属性的选区。

5.3 上机练习 ——————————————<<

本章练习一将使用"磁性套索工具"将图像中的一个色子选择出来，然后使用"色相/饱和度"命令调整图像的色彩；练习二通过绘制和填充选区为一幅卡通图像添加艺术相框。制作效果与制作提示如下。

练习一 调整选区颜色

1 打开素材图像"23.jpg"。

2 使用"磁性套索工具"创建选区。

3 依次选择"图像"→"调整"→"色相/饱和度"命令，在打开的对话框中调整选区的色相和饱和度。

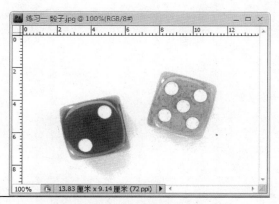

练习二 制作简易相框

1 打开素材图像"24.jpg"。

2 使用"矩形选框工具"绘制选区。

3 使用"填充"命令为选区填充图案。

制作相框时，应该首先单击选项栏中的 ⬜ 按钮，然后绘制较大的选框，最后绘制较小的选框。 说明

第6章　绘制简单图像

- 设置绘图颜色
- 使用形状工具绘图
- 使用渐变工具绘图
- 使用画笔工具绘图

博士，前面我们学习的内容都是对图像素材进行加工处理，我们什么时候学习手动绘制图像呢？

聪聪，本章就将介绍图像的绘制，掌握了形状工具、渐变工具和画笔工具的使用方法就可以随心所欲地进行手动绘图了。

看来聪聪已经掌握了前几章介绍的知识点，不过手动绘制图像可比处理图像文件难得多，你可要做好准备哦！

6.1 设置绘图颜色 ——————————— <<

>> 6.1.1 认识前景色和背景色

在Photoshop CS4中，绘图颜色表现为前景色和背景色，在工具调板中以颜色块的形式出现。在Photoshop中使用前景色来绘画、填充和描边选区，使用背景色来生成渐变填充和填充图像中已抹除的区域。在一些特殊效果滤镜中也会用到前景色和背景色。

系统默认的前景色为黑色，背景色为白色，单击切换按钮↰，即可切换前景色和背景色。

>> 6.1.2 设置前景色和背景色

设置前景色和背景色有多种方法，如使用"吸管工具"、"颜色"调板和"色板"调板等。下面将对使用最频繁的几种方法进行详细的介绍。

1. 通过前景色块和背景色块设置

通过前景色块和背景色块设置颜色的具体操作方法如下。

（1）单击工具调板中的前景色块（或背景色块），弹出"拾色器（前景色）"或"拾色器（背景色）"对话框。

（2）选择一种颜色作为前景色或背景色。

（3）单击"确定"按钮。

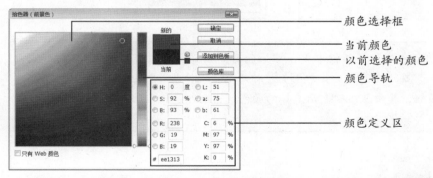

- ■ **颜色选择框**：使用鼠标在颜色选择框的任意处单击，在对话框右上角的"新的"颜色块上将显示当前的颜色。
- ■ **颜色定义区**：用于显示当前选择颜色在不同颜色模式下的数据信息，其中包括RGB模式、CMYK模式、HSB模式和Lab模式。如果用户对颜色有一定的了解，可以通过直接在颜色模式文本框中输入数字来确定要选择的颜色。

聪聪，颜色定义区中左下角的文本框 # 000000 是以16进制数值来表示颜色的。例如黑色表示为"#000000"。

- ◼ **颜色导轨**：用于定义颜色的选择范围，可以通过拖动导轨上的滑块来确定颜色范围，颜色选择框和颜色定义区会随着滑块的移动发生相应的变化。
- ◼ **"只有Web颜色"复选框**：勾选该复选框，颜色选择框中将显示Web的安全色。

博士，什么是Web的安全色呢？它对颜色选择有什么帮助呢？

Web的安全色是指在打印时不会产生溢出的颜色。以这种方式进行颜色的选择可以避免打印前的颜色校正。

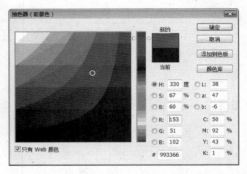

- ◼ **"颜色库"按钮**：单击该按钮，可以在弹出的"颜色库"对话框中按照各种颜色定义标准来选择颜色。

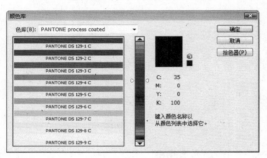
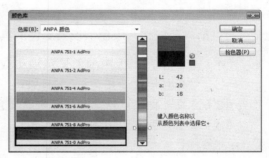

聪聪，在"颜色库"对话框中单击"拾色器"按钮，即可重新返回到"拾色器（前景色）"或"拾色器（背景色）"对话框。选择某些颜色时，颜色框右侧会出现警告按钮，其中 ⚠ 按钮表示选择的颜色超出打印色域；🔲 按钮表示选择的颜色不是Web安全颜色。

互动练习

下面练习使用"颜色替换工具"用不同的颜色替换图像文件中不同的颜色区域。

技巧 按下"X"键可以快速切换前景色和背景色。

第1步　打开素材图像

依次选择"文件"→"打开"命令，打开素材图像
"01.jpg"，图像中的两只小鸟呈黄色显示。

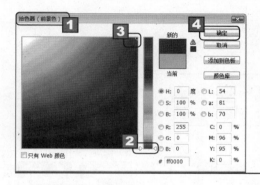

第2步　设置前景色

1　单击工具调板中的前景色块，弹出"拾色器
（前景色）"对话框。

2　拖动颜色导轨上的滑块至红色处。

3　在颜色选择框中单击选择颜色。

4　单击"确定"按钮。

第3步　设置背景色

1　单击工具调板的背景色块，弹出"拾色器（背
景色）"对话框。

2　拖动颜色导轨上的滑块至绿色处。

3　在颜色选择框中单击选择颜色。

4　单击"确定"按钮。

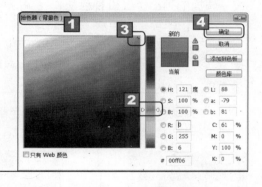

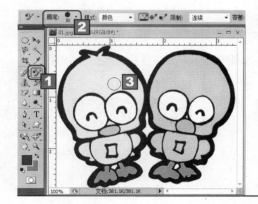

第4步　对图像局部进行涂抹

1　单击工具调板中的"颜色替换工具"按钮。

2　在选项栏中设置画笔直径为"30px"。

3　在文档窗口中对左侧的小鸟进行涂抹，直到黄
色被红色替换为止。

第5步 再次对图像局部进行涂抹

1 单击切换按钮 ⬆，将前景色和背景色切换。

2 在文档窗口中对右侧的小鸟进行涂抹，直到黄色被绿色替换为止。

2. 通过"颜色"调板设置颜色

"颜色"调板位于工作界面右侧的颜色调板组中，通过"颜色"调板不仅可以方便快捷地设置前景色和背景色，还可以对设置的前景色和背景色进行调整。

 如果颜色调板组中没有"颜色"调板，可以通过依次选择"窗口"→"颜色"命令，调出"颜色"调板。

3. 通过"色板"调板设置颜色

"色板"调板和"颜色"调板位于同一颜色调板组中。"色板"调板中列出了上百种色块，将鼠标移动到色块上，当鼠标呈 🖉 显示时，即可单击色块，使其作为前景色。

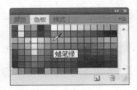

 将鼠标停留到色块上，其右下侧将显示当前色块的名称。

单击调板中的"创建前景色的新色板"按钮 🔲，即可将当前工具调板中的前景色作为样本存放到"色板"调板中。

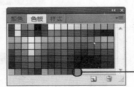

新增色块

如果要删除增加的色块，可以将鼠标移动到要删除的色块上并按住鼠标左键不放，当鼠标呈 ✋ 显示时，将色块拖动到 🗑 后释放即可。

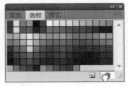
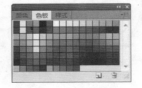

4. 通过吸管工具设置颜色

使用"吸管工具" 🖉 可以在图像上进行取样来改变前景色和背景色。首先单击"吸

技巧 在"颜色"调板中可以对选择的前景色和背景色进行微调。

管工具"按钮 ，然后在图像上单击，工具调板中的前景色块就会变成鼠标单击处的颜色。如果单击时按住"Alt"键，工具调板中的背景色就会变成鼠标单击处的颜色。

默认情况下，吸管工具吸取单个像素的颜色，也可以在一定范围内吸取颜色，单击选项栏中的"取样大小"下拉按钮，在弹出的下拉列表中列出了多种取样方式。

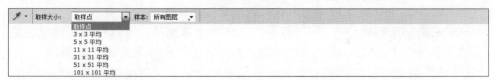

- **取样点**：系统默认方式，表示颜色取样精确到一个像素。
- **3×3平均**：表示按3像素×3像素的平均值进行颜色取样，其他选项的含义依此类推。

6.2 使用形状工具绘图 <<

在平面设计过程中，经常需要绘制一些基本形状，为了快速而准确地绘制出需要的形状，Photoshop CS4在工具调板的矩形工具组中设置了6个形状工具，通过它们可以快速地绘制各种各样的形状。

>> 6.2.1 绘制矩形形状

使用"矩形工具" 可以绘制长方形或正方形，具体操作方法如下。

（1）单击"矩形工具"按钮 ，并在选项栏中设置绘图类型、方式和颜色等参数。
（2）在文档窗口中单击确定起始点。
（3）拖动鼠标确定矩形的宽度和高度。
（4）释放鼠标。

单击"矩形工具"按钮 ，它所对应的选项栏如下图所示。

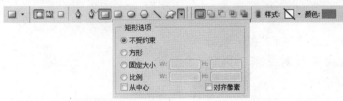

- **绘图类型** ：系统默认选中"形状图层"按钮 ，表示绘制的对象为形状；如果选中"路径"按钮 ，表示绘制的对象为路径；如果选中"填充像素"按钮 ，表示绘制的对象为色块。
- **形状工具快捷按钮** ：用于选择当前使用的形状工具，与在工具调板的矩形工具组中选择形状工具效果一样。
- **"不受约束"单选项**：选择该单选项，表示绘制矩形时可以向任意方向拖动以确定矩形的宽度和高度。

- ■ **"方形"单选项**：选择该单选项，表示绘制矩形的高度和宽度始终一样，即绘制的是正方形。

- ■ **"固定大小"单选项** ⊙固定大小 W: 100 px   H: 100 px ：选择该单选项，可以在其右侧激活的"W"和"H"文本框中输入数值来确定矩形的大小。

- ■ **"比例"单选项** ⊙比例   W: 1   H: 3 ：选择该单选项，可以在其右侧激活的"W"和"H"文本框中输入数值来确定矩形的宽度和高度之间的比例。

- ■ **"从中心"复选框**：勾选该复选框，在绘制矩形时，将以单击处为矩形的中心点向外绘制矩形。

- ■ **"对齐像素"复选框**：勾选该复选框，在绘制矩形时，边缘尽量与距离它最近的像素对齐。

- ■ **形状运算方式** □□□□□：分别用于实现形状的新建、相加、相减、交叉和叠加。

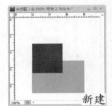 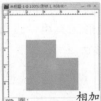 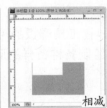  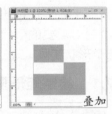

新建　　　　相加　　　　相减　　　　交叉　　　　叠加

- ■ **"样式"下拉列表框**：用于为形状添加特殊效果。单击其右侧的 按钮，在弹出的列表框中单击样式按钮，即可将所选择的样式添加到所绘制的形状中。

 博士，样式列表框中只列出了20种样式，是不是还有其他样式呢？

 是的，系统默认为20种样式。单击列表框右上角的 按钮，在弹出的下拉列表中选择相应的命令，即可将其他样式载入。例如选择"按钮"命令，如右图所示。

- ■ **"颜色"色块**：用于设置形状的颜色，单击它即可在弹出的"拾取实色"对话框中选择一种颜色作为绘制形状的颜色。

 互动练习 ▶

下面练习使用"矩形工具" □为照片制作一个简易相框。

说明 形状的叠加运算是指连续绘制的形状先进行交叉运算，然后只保留交叉部分区域之外的形状。

第1步　打开素材图像

依次选择"文件"→"打开"命令，打开素材图像
"02.jpg"。

第2步　设置绘图参数

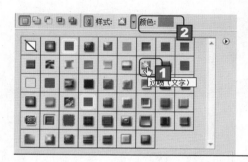

1 单击工具调板中的"矩形工具"按钮，并在
选项栏中设置"样式"为"边喷（文字）"。

2 设置绘图颜色为绿色"#00ff54"。

第3步　绘制第一个矩形

1 在图像的左上角单击并按住鼠标左键不放。

2 拖动鼠标到图像的右下角后释放鼠标左键，绘制
出一个带有样式的矩形形状。

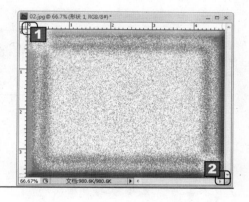

第4步　绘制第二个矩形

1 单击选项栏中的"减去"按钮。

2 在第一个矩形内部的左上角按住鼠标左键不放。

3 拖动鼠标到第一个矩形内部的右下角后释放鼠
标左键，即可完成简易相框的制作，最终效果
如图所示。

绘制完成后，形状边缘显示的黑色框为路径，选择其他工具后会自动消失。　　**说明**

>> 6.2.2 绘制圆角矩形

"圆角矩形工具" 和 "矩形工具" 的使用方法完全一致，只是 "圆角矩形工具" 所对应的选项栏中增加了一个 "半径" 选项，它用于设置矩形4个角的圆角半径，数值越大，圆角越大。

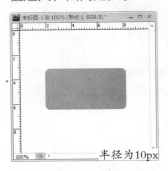
半径为10px

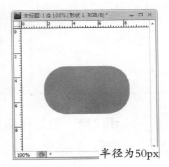
半径为50px

>> 6.2.3 绘制椭圆形状

知识讲解

使用 "椭圆工具" 可以绘制椭圆或正圆的形状和路径。绘制椭圆的方法和绘制矩形的方法一样，只是在 "椭圆工具" 所对应的选项栏中少了 "对齐像素" 复选框。

聪聪，按住 "Shift" 键，可以绘制出以单击点为起点的正圆形状。

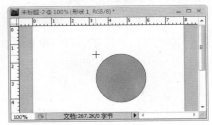

互动练习

下面练习使用 "椭圆工具" 为一幅卡通图像制作出月亮效果。

第1步 绘制第一个正圆

1 依次选择 "文件" → "打开" 命令，打开素材图像 "03.jpg"。

2 单击工具调板中的 "椭圆工具" 按钮 ，并在选项栏中设置颜色为 "#ffffff"。

3 按住 "Shift" 键，在图像左上角绘制一个正圆形状。

技巧 绘制形状后，系统将会在 "图层" 调板中创建形状的图层。

第2步　绘制第二个正圆

1 单击选项栏中的"减去"按钮 。

2 按住"Shift"键在第一个正圆上面绘制出一个大小完全相同的正圆，最终效果如图所示。

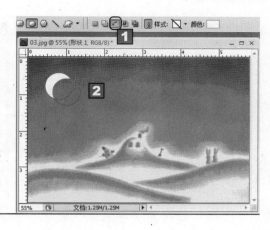

>> 6.2.4　绘制多边形形状

　　使用"多边形工具" 可以直接绘制出多种星形和多边形的形状和路径，具体操作方法如下。

　　（1）单击工具调板中的"多边形工具"按钮 。

　　（2）在选项栏中设置多边形的类型、边数和颜色等参数。

　　（3）在文档窗口中单击并拖动鼠标确定多边形的大小。

　　（4）释放鼠标。

　　单击"多边形工具"按钮 ，它所对应的选项栏如下图所示。

■　　**"边"文本框**：用于设置多边形的边数，只需在其后面的文本框中输入数值即可。

■　　**"半径"文本框**：用于设置多边形的中心到最外侧角点的距离，数值越大，多边形的面积越大。

■　　**"平滑拐角"复选框**：勾选该复选框，绘制的多边形的边缘将自动进行平滑处理。

■　　**"星形"复选框**：勾选该复选框，绘制的多边形边缘呈星形显示。

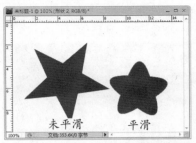

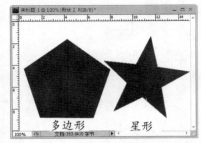

■ **"缩进边依据"文本框**：用于定义星形内部顶点和外部顶点之间距离的百分比，数值越大，内顶点越靠近星形中心。

缩进6%

缩进50%

缩进80%

■ **"平滑缩进"复选框**：勾选该复选框，绘制出的星形将尽量保持平滑。

 互动练习

下面练习使用"多边形工具"  为一幅卡通图像制作出闪烁星空的效果。

第1步　设置多边形绘制参数

1 依次选择"文件"→"打开"命令，打开素材图像"04.jpg"。

2 单击工具调板中的"多边形工具"按钮 ◯。

3 在选项栏中设置颜色为"#ffffff"。

4 设置"半径"为"10px"，勾选"星形"复选框。

5 设置"缩进边依据"为"80%"。

第2步　绘制星形

在文档窗口中进行多次单击，直到绘制出璀璨的星空为止，最终效果如图所示。

说明 "多边形工具"对应的选项栏中"边"的最大取值为"100"。

>> 6.2.5　绘制直线形状

使用"直线工具" 不仅可以绘制不同粗细的直线，还可以绘制带箭头的直线，具体操作方法如下。

（1）单击工具调板中的"直线工具"按钮 。
（2）在选项栏中设置直线的类型、粗细和颜色等参数。
（3）在文档窗口中单击并拖动以确定直线的距离和方向。
（4）释放鼠标。

单击"直线工具"按钮 ，它所对应的选项栏如下图所示。

- ■　**"粗细"文本框**：用于设置绘制直线的宽度。
- ■　**"起点"复选框**：勾选该复选框，将在绘制直线的起点生成箭头。
- ■　**"终点"复选框**：勾选该复选框，将在绘制直线的终点生成箭头。
- ■　**"宽度"文本框**：用于设置垂直方向的尺寸比例。
- ■　**"长度"文本框**：用于设置水平方向的尺寸比例。
- ■　**"凹度"文本框**：用于设置箭头尾部凹陷的方向和程度。

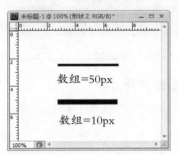 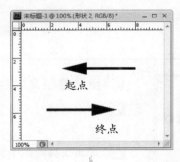 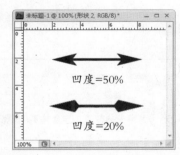

互动练习

下面练习使用"直线工具" 在图像文件中绘制线条。

第1步　设置直线参数

1 依次选择"文件"→"打开"命令，打开素材图像"05.jpg"。

2 单击"直线工具"按钮 ，并在选项栏中设置粗细为"100px"。

3 在选项栏中设置颜色为"#ff6600"。

第2步　绘制直线

1 在文档窗口的左下角单击并按住鼠标左键不放，确定直线的起点。

2 向右拖动鼠标至文档的最右侧，然后释放鼠标左键。

第3步　再次绘制直线

1 在选项栏中设置粗细为"20 px"。

2 设置颜色为蓝色"#006cff"。

3 沿着较粗直线的顶部绘制出一条蓝色的直线。

4 沿着较粗直线的底部绘制出一条蓝色的直线。

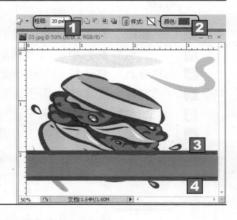

第4步　复制文字到图像文件

1 依次选择"文件"→"打开"命令，打开素材图像"06.psd"。

2 单击工具调板中的"移动工具"按钮 ，将素材图像中的文字拖动到较粗直线中。

> 后面我们将会学习文字工具的使用方法，那时我们可以在图像中输入任何文字，还可以设置各种字体格式。

技巧　在绘制直线时按住"Shift"键，即可绘制水平或垂直直线。

>> 6.2.6　绘制自定义形状

 **知识讲解**

使用"自定义形状工具" 可以绘制具有固定形状的图案，具体操作方法如下。

（1）单击工具调板中的"自定义形状工具"按钮 📷。

（2）单击选项栏中"形状"下拉列表框右侧的 按钮，在
弹出的下拉列表中选择需要绘制的形状。

（3）在文档窗口中单击并拖动鼠标绘制自定义形状。

（4）释放鼠标。

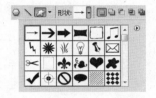

互动练习

下面练习使用"自定形状工具" 📷 制作一个简单的标志。

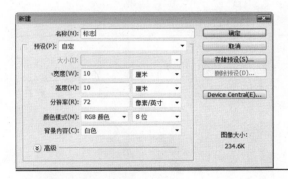

第1步　新建图像文件

依次选择"文件"→"新建"命令，在弹出
的"新建"对话框中设置相关参数，如左图
所示。

第2步　绘制标志形状

1 单击工具调板中的"自定形状工具"按
钮 📷。

2 在选项栏中单击"形状"下拉列表框右
侧的 按钮，在弹出的下拉列表框中选择
"标志6"选项。

3 设置"颜色"为"#cc9933"。

4 按住"Shift"键同时在文档窗口中按住
鼠标左键进行拖动，绘制形状。

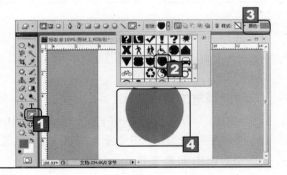

单击形状列表框右上角的 按钮，在弹出的列表中选择"全部"选项，即可载入所有形状。　**说明**

第3步 绘制百合花饰形状

1️⃣ 在"形状"下拉列表框中选择"百合花饰"选项。

2️⃣ 设置"颜色"为"#ffffff"。

3️⃣ 按住"Shift"键同时在文档窗口中按住鼠标左键进行拖动,绘制形状。

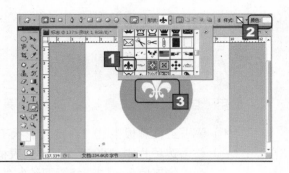

第4步 绘制叶形装饰形状

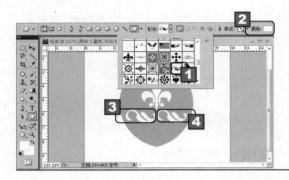

1️⃣ 在"形状"下拉列表框中选择"叶形装饰2"选项。

2️⃣ 设置"颜色"为"#ffffff"。

3️⃣ 按住"Shift"键同时在文档窗口中按住鼠标左键进行拖动,绘制形状。

4️⃣ 按住"Alt"键,拖动"叶形装饰2"形状进行复制。

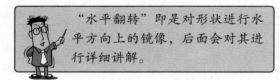

第5步 编辑形状

依次选择"编辑"→"变换"→"水平翻转"命令,对第一个"叶形装饰2"进行水平翻转操作,最终效果如图所示。

> "水平翻转"即是对形状进行水平方向上的镜像,后面会对其进行详细讲解。

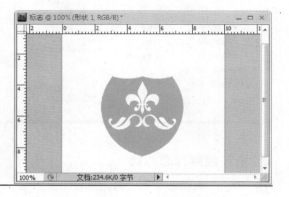

>> 6.2.7 绘制自由形状

除工具调板中的矩形工具组外,还可以使用"钢笔工具" 和"自由钢笔工具" 来绘制比较自由的形状。

1. 钢笔工具

使用"钢笔工具" 绘制形状和使用"多边形套索工具" 绘制选区的方法类似,只需在文档窗口中不断地单击鼠标确定形状的角点即可。

2. 自由钢笔工具

通过"自由钢笔工具" 绘制形状和使用"套索工具" 绘制选区的方法类似,只需在文档窗口中单击并按住鼠标左键进行拖动即可。

说明 单击形状列表框右上角的 按钮,在弹出的列表中选择"复位形状"选项,即可恢复默认形状。

  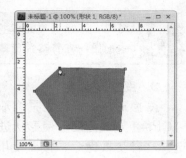

>> 6.2.8　编辑形状

编辑形状是指对已绘制的形状进行修改和处理，包括改变形状的颜色、修改形状的外形和变换形状等。

1. 快速改变形状颜色

形状绘制完成后，系统会自动在图层调板中生成一个形状图层，表示绘制的形状存储在该图层上。形状图层由"图层缩览图"和"矢量蒙版缩览图"组成，"图层缩览图"用于显示形状的颜色，"矢量蒙版缩览图"用于显示形状的轮廓。双击形状图层的图层缩览图，在弹出的"拾取实色"对话框中选择一种颜色作为形状的新颜色，然后单击"确定"按钮即可快速改变形状的颜色。

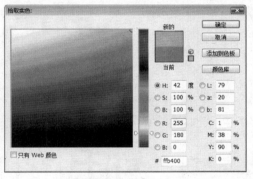 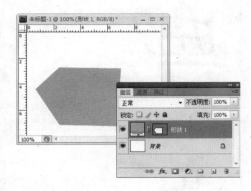

2. 修改形状外形

形状绘制完成后，其边缘将显示一条封闭的黑色线条，称为路径。路径用于控制形状的外形和填充面积，单击工具调板中的"直接选取工具"按钮，在路径上单击或框选顶点并拖动，即可改变形状的外形。

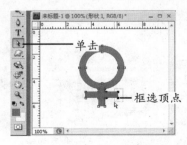 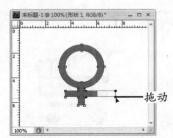 

聪聪，根据需要可以将路径进行隐藏和重新显示，按住"Alt"键，单击矢量蒙版缩览图即可将路径隐藏，再次单击则可重新显示。

3. 变换形状

变换形状的操作包括缩放、选择、斜切、扭曲、透视、变形和翻转等。首先按下"Ctrl+T"组合键，使形状进入变换状态，然后单击鼠标右键，在弹出的快捷菜单中选择一种变换命令，接着使用鼠标拖动变换框或控制点以实现形状的变换，最后按下"Enter"键确定变换。

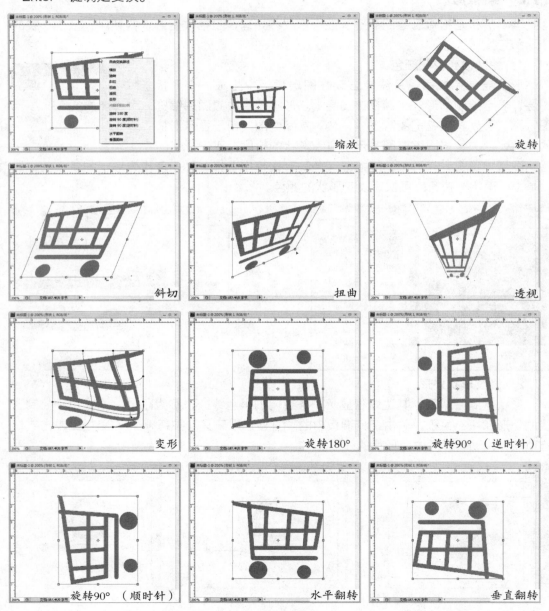

缩放   旋转

斜切   扭曲   透视

变形   旋转180°   旋转90°（逆时针）

旋转90°（顺时针）   水平翻转   垂直翻转

说明   选择变换形状快捷菜单中的"自由变换路径"命令，可用鼠标拖动的方法任意改变形状。

6.3　使用渐变工具绘图 ———————————— <<

使用渐变工具可以很方便地在图像中绘制出两种或两种以上的颜色渐变效果，用户可以直接使用系统提供的渐变样本，也可以根据需要自定义渐变样本。

>> 6.3.1　使用渐变工具绘图

使用"渐变工具" 可以建立多种色彩渐变的效果，具体操作方法如下。

（1）单击工具调板中的"渐变工具"按钮 ◨。
（2）在选项栏中设置渐变的样本、类型、模式和不透明度等参数。
（3）在文档窗口中单击并拖动鼠标绘制渐变图。
（4）释放鼠标。

单击"渐变工具"按钮 ◨，它对应的选项栏如下图所示。

◨　**渐变样本** ▭▭▭▭：单击其右侧的 ▾ 按钮，可以在弹出的下拉列表框中选择需要的渐变样本。单击下拉列表框右侧的 ▸ 按钮，在弹出的列表中选择相应的选项，即可将其他渐变样本载入。

> 聪聪，如果在弹出的提示对话框中单击"确定"按钮，载入的样本将替换原来的样本；如果单击"追加"按钮，载入的样本将追加到原来样本的后面。

追加后的样本

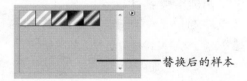
替换后的样本

◨　**渐变类型** ▭▭▭▭▭：用于设置渐变填充类型。"线性渐变" ◨ 表示从渐变的起点到终点做直线形状的渐变，"径向渐变" ◨ 表示从渐变的中心开始做放射状圆形渐变，"角度渐变" ◨ 表示从渐变的中心开始到终点产生圆锥形的渐变，"对称渐变" ◨ 表示从渐变的中心开始做对称式的直线形状渐变，"菱形渐变" ◨ 表示从渐变的中心开始做菱形的渐变。

    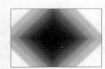

◨　**"反相"复选框**：勾选该复选框，填充渐变颜色与渐变样本的颜色顺序相反。
◨　**"仿色"复选框**：勾选该复选框，填充的渐变色将采用递色法来表示中间色调，使渐变更加平滑。

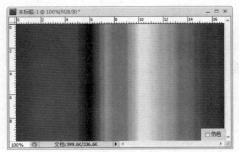 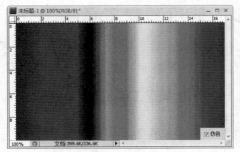

■ **"透明区域"复选框**：勾选该复选框，具有透明段的渐变样本在填充时保留透明效果。

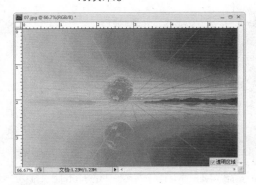 

 互动练习

下面练习使用"渐变工具" 打造光盘效果。

第1步　新建图像文件

依次选择"文件"→"新建"命令，在弹出的"新建"对话框中设置相关参数，如图所示。

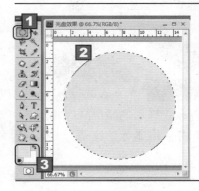

第2步　绘制圆并填充

1 单击工具调板中的"椭圆选区工具"按钮 。

2 按住"Shift"键，在文档窗口中绘制圆。

3 设置前景色为"#e8e8e8"，按下"Alt+Delete"组合键对圆进行填充。

技巧　按下"G"键可以快速选择"渐变工具"。

第3步　对圆进行渐变填充

1 依次选择"选择"→"修改"→"收缩"命令，弹出"收缩选区"对话框。

2 在对话框的"收缩量"文本框中输入"5"，然后单击"确定"按钮。

3 单击工具调板中的"渐变"按钮，选择"透明彩虹渐变"样本。

4 设置"不透明度"为"20%"，对选区进行填充。

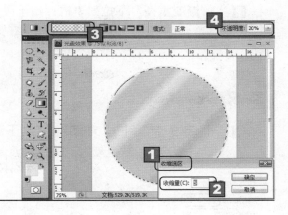

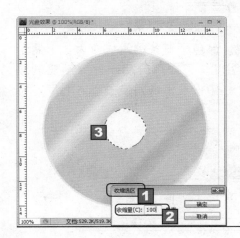

第4步　删除圆的多余部分

1 依次选择"选择"→"修改"→"收缩"命令，弹出"收缩选区"对话框。

2 在对话框的"收缩量"文本框中输入"100"，然后单击"确定"按钮。

3 按下"Delete"键，对选区进行删除，最终效果如图所示。

>> 6.3.2　编辑渐变样本

　　系统为用户提供了渐变样本，但有时候系统提供的渐变样本不能满足用户的需要，这时就需要用户自定义渐变样本。编辑渐变样本的操作是在"渐变编辑器"对话框中完成的，具体操作方法如下。

（1）单击选项栏中的渐变样本 ，弹出"渐变编辑器"对话框。

（2）在"预设"列表框中选择要编辑的样本。

（3）在渐变颜色条上选择要编辑的颜色或不透明度。

（4）调整滑块的位置、颜色和透明度。

（5）单击"确定"按钮。

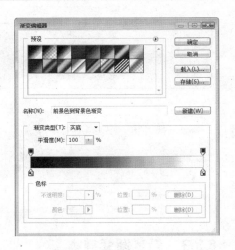

- ■ **"预设"列表框**：在该列表框中存储了10种系统默认的渐变样本。
- ■ **"名称"文本框**：单击"预设"列表框中的任意渐变样本图标，即可在"名称"文本框中显示出该样本的名称。

■ **"渐变类型"下拉列表框**：用于设置颜色渐变的类型。系统默认为"实底"类型，单击其右侧的 ▼ 按钮，即可在弹出的下拉列表中选择其他类型。

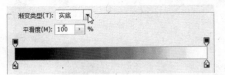 

■ **"粗糙度"下拉列表框**：用于设置颜色渐变的粗糙程度，取值范围为 0%~100%，数值越大，颜色过渡越不平滑。

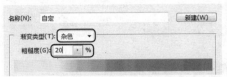 

■ **颜色预览条**：用于预览当前编辑的渐变色。颜色预览条的滑块分为上下两个部分，上面部分用于设置渐变色的不透明度，下面部分用于设置渐变的颜色。单击要编辑的滑块，可以在"色标"栏中设置滑块对应的不透明度、位置和颜色。

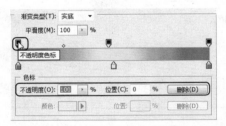 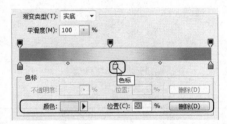

 聪聪，单击"色标"栏中的颜色块，可以在打开的"选择色标颜色"对话框中设置渐变颜色。单击预览条的空白处，可增加新的色标。选择色标，然后单击"色标"栏中的"删除"按钮，即可删除当前色标滑块。

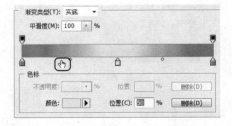 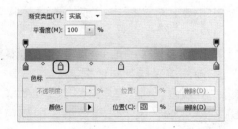

>> 6.3.3 新建渐变样本

　　在"渐变编辑器"对话框中编辑渐变样本后，单击"确定"按钮，编辑后的渐变样本将覆盖原有的渐变样本。如果单击"新建"按钮，即可将颜色预览条中的渐变色以"名称"文本框中的文本为名称存储到"预设"列表框中，新建渐变样本的具体操作方法如下。

（1）单击选项栏中的渐变样本 ，弹出"渐变编辑器"对话框。

（2）在"名称"文本框中输入新样本名称。

（3）单击"新建"按钮，以"名称"文本框中的文本为名，将渐变样本存储在"预
设"列表框中。

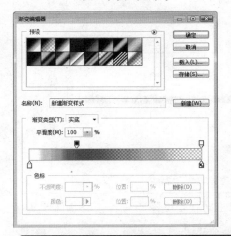

 聪聪，"预设"列表框中的渐变样本可以进行新建、重命名和删除等操作，只需
在样本图标上单击鼠标右键，然后在弹出的快捷菜单中选择相应的命令即可。

6.4 使用画笔工具绘图 ＜＜

在Photoshop CS4中，画笔工具是图像绘制过程中使用频率非常高的工具，使用画
笔工具可以绘制出比较柔软的笔触，此外也可以对画笔笔尖进行设置，从而绘制出具有
特殊效果的线条。

＞＞ 6.4.1 画笔工具的一般应用

使用画笔工具绘制图像的方法很简单，在工具调板中的"画笔工具"按钮 上单击
鼠标右键，在弹出的工具列表中选择"画笔工具"，即可在打开的文档窗口中单击或拖
动鼠标以前景色绘制图形。"画笔工具"对应的选项栏如下图所示。

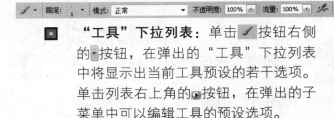

■ **"工具"下拉列表**：单击 按钮右侧
的 按钮，在弹出的"工具"下拉列表
中将显示出当前工具预设的若干选项。
单击列表右上角的 按钮，在弹出的子
菜单中可以编辑工具的预设选项。

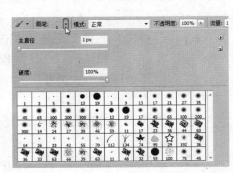

■ **"画笔"下拉列表框**：用于设置画笔的
样式和笔尖的大小，单击其右侧的 按
钮，打开"画笔设置"下拉列表。单击
列表右上角的 按钮，在弹出的子菜单

中可选择更多的画笔。

拖动"主直径"滑块或直接在文本框中输入数值可以调节画笔笔尖的大小，数值越大，画笔笔尖越大。拖动"硬度"滑块或直接在文本框中输入数值可以调节画笔边缘的晕化程度，数值越大，图像边缘越清晰。

单击"画笔"下拉列表右上角的 按钮，在弹出的快捷菜单中可以选择画笔笔尖预览命令，通过这些命令可以切换画笔笔尖预览框的显示方式。

纯文本

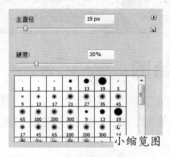
小缩览图

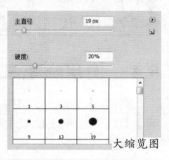
大缩览图

小列表

大列表

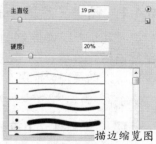
描边缩览图

- **"模式"下拉列表框**：单击右侧的 按钮，将在弹出的下拉列表中显示预设画笔模式，默认为"正常"模式。

- **"不透明度"文本框**：单击右侧的 按钮，在弹出的滑动条上拖动滑块，用于设置画笔的不透明度。

- **"流量"文本框**：单击右侧的 按钮，在弹出的滑动条上拖动滑块，用于设置画笔的流动速度。

- **"喷枪"按钮**：单击"喷枪"按钮，使其处于被选中状态，即可使用喷枪

技巧 按下"B"键可以快速选择"画笔工具"。

功能；再次单击该按钮，即可取消使用该功能。

>> 6.4.2 画笔工具的高级应用

通过"画笔"调板可以对选择的画笔样式进行修改，以达到用户的绘图要求。选择"画笔工具"后，单击选项栏中的 按钮或单击工作界面右侧的 按钮，即可打开"画笔"调板。

聪聪，"画笔"调板左侧的复选框显示可定义的画笔选项，勾选不同的复选框，"画笔"调板右侧将显示其对应的参数。

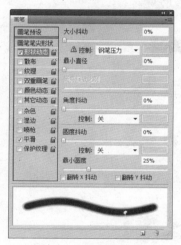
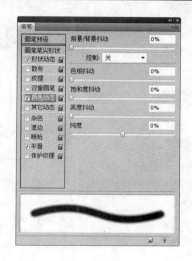

1. 定义画笔预设

选择"画笔"调板左侧的"画笔预设"选项，调板右侧的参数区域将显示系统默认的画笔样式，在此单击即可选择要使用的笔尖样式。拖动"主直径"滑块可调整当前选择的画笔笔尖的大小。

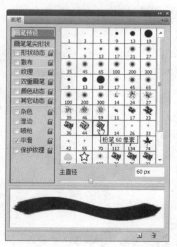
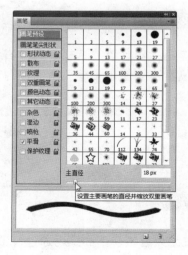

2. 定义笔尖形状

知识讲解

选择"画笔"调板左侧的"画笔笔尖形状"选项，在调板右侧的参数区域（可参考下面互动练习中的图）中不但可以选择画笔笔尖的样式，还可以设置画笔样式的直径、角度、圆度、硬度和间距等。

- ■ **"使用取样大小"按钮**：单击该按钮可以恢复画笔的默认直径。
- ■ **"翻转X"复选框**：勾选该复选框，画笔将沿水平方向镜像。

- ■ **"翻转Y"复选框**：勾选该复选框，画笔将沿垂直方向镜像。

- ■ **"角度"文本框**：用于设置画笔旋转的角度，数值越大，旋转的效果越明显。

- ■ **"圆度"文本框**：用于设置画笔在垂直和水平方向上的比例关系，数值越大，画笔越趋于正圆显示，反之则趋于椭圆显示。

- ■ **"间距"复选框**：勾选该复选框，在其右侧的文本框中输入数值或拖动其下面滑块可以设置连续使用画笔工具绘制时前一画笔元素与后一画笔元素之间的距离。

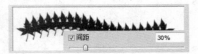 

互动练习

装扮对于女士来说尤为重要，下面练习通过设置画笔笔尖形状来为人物化上彩妆，使照片中的人物更加光彩照人。

 技巧 用户可以通过载入其他画笔笔尖来绘制图像，以满足绘图的需求。

第1步 打开素材图像

1 依次选择"文件"→"打开"命令,打开素材图像"08.jpg"。

2 单击工具调板中的"画笔工具"按钮 🖉。

3 在选项栏中设置画笔为"柔角13像素",不透明度为"50%"。

4 设置前景色为黑色。

第2步 为人物添加眼影

1 使用"画笔工具"在人物的左眼上进行涂抹。

2 在"画笔"调板中调整画笔的直径为"9px"。

3 使用画笔工具在人物的右眼上进行涂抹。

第3步 为人物添加腮红

1 在"画笔"调板中设置画笔的直径为"100px"

2 设置前景色为"#ff9999"。

3 使用"画笔工具"在人物的左边脸部进行涂抹。

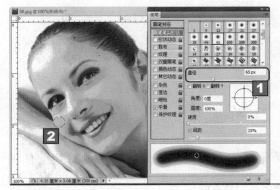

第4步 完成彩妆

1 在"画笔"调板中设置画笔的直径为"65px"。

2 使用"画笔工具"在人物的右边脸部进行涂抹,如图所示。

3. 定义形状动态画笔

在"画笔"调板中勾选"形状动态"复选框，可以为画笔设置动态效果，在使用"画笔工具"进行涂抹的过程中，笔触将进行大小、角度和圆度的变化。

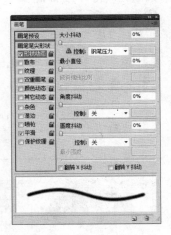

 博士，勾选"形状动态"复选框，在其右侧的调板中会出现抖动文本框，设置抖动有什么作用呢？

 聪聪，抖动是指画笔笔尖的自由随机变化程度，其设置范围为0%~100%，抖动为0%的时候画笔笔尖没有变化，抖动为100%的时候变化最大。

■ **"大小抖动"文本框**：用于控制画笔笔尖变化效果，数值越大，变化越明显。

■ **"控制"下拉列表框**：用于设置画笔笔尖的抖动方式。单击其右侧的▼按钮，即可在弹出的下拉列表中选择需要的抖动方式。

■ **大小渐隐抖动**：在"控制"下拉列表框中选择"渐隐"选项，可以在其右侧的文本框中设置笔尖产生的数量以及笔尖抖动的最小直径。

■ **"角度抖动"文本框**：用于控制画笔笔尖基于水平线的旋转变化效果，数值越大，变化越明显。

■ **角度渐隐抖动**：在"控制"下拉列表框中选择"渐隐"选项，可以在其右侧的文本框中设置在第几个笔尖处结束旋转。

■ **"圆度抖动"文本框**：用于控制画笔笔尖圆度变化效果，数值越大，变化越明显。

说明 设置笔尖的大小、角度和圆度抖动可以绘制出许多意想不到的效果。

■ **圆度渐隐抖动**：在"控制"下拉列表框中选择"渐隐"选项，可以在其右侧的文本框中设置在第几个笔尖处结束圆度抖动，通过拖动"最小圆度"的滑块来设置抖动的最小范围。

■ **"翻转X抖动"复选框**：勾选该复选框，动态画笔沿水平方向镜像。
■ **"翻转Y抖动"复选框**：勾选该复选框，动态画笔沿垂直方向镜像。

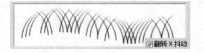
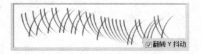

4. 定义散布画笔

在"画笔"调板中勾选"散布"复选框后，使用画笔进行绘制时笔触会进行随机分布，从而产生类似喷溅的效果。

■ **"散布"文本框**：用于设置画笔笔尖沿垂直方向散布的距离，数值越大，散布范围越宽。

■ **"两轴"复选框**：勾选该复选框，笔尖将在水平和垂直方向上同时进行散布。

■ **"数量"文本框**：用于设置画笔笔尖产生的数量，数值越大，数量越多。

■ **"数量抖动"文本框**：用于设置画笔笔尖产生数量变化的范围，数值越大，变化越明显。

5. 定义纹理画笔

默认情况下使用画笔工具绘制图像时，绘制的图像是使用前景色进行填充的。在"画笔"调板中勾选"纹理"复选框，可以使绘制的图像具有某种纹理。

■ **"反相"复选框**：勾选该复选框，画笔笔尖的纹理明暗关系将互换。

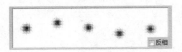
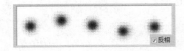
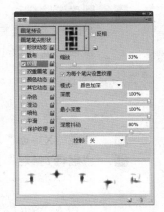

■ **"缩放"文本框**：用于缩放笔尖中的纹理，数值越大，纹理显示面积就越大。

■ **"模式"下拉列表框**：用于设置画笔笔尖和选择纹理的混合方式。单击其右侧的▾按钮，即可在弹出的下拉列表框中选择相应的选项。

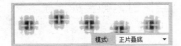
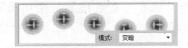

■ **"深度"文本框**：用于设置画笔融入图案的深度。当深度为0%时，只显示画笔颜色，当深度为100%时，只显示图案颜色。

6. 定义双重画笔

设置双重画笔可以使画笔笔尖具有两种样式的融入效果。在"画笔笔尖形状"选项对应的参数区域中选择一种笔尖，然后在"双重画笔"选项对应的参数区域中选择一种笔尖融入即可。

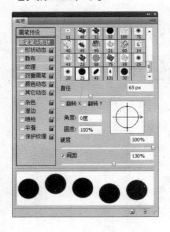
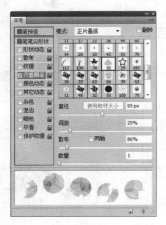

技巧 如果笔尖的纹理效果不明显，可以在"模式"下拉列表中设置混合模式。

7. 定义颜色动态画笔

通过设置画笔颜色动态属性，可以使绘制的图像在前景色和背景色间动态变化。在"画笔"调板中勾选"颜色动态"复选框，即可在其右侧的参数区域中进行设置。

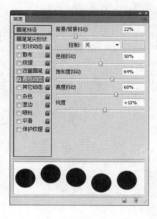

8. 画笔的其他属性

"画笔"调板左侧其余5个复选框用于为画笔设置与复选框名称一致的效果，只需勾选相应的复选框即可。

6.5　上机练习 <<

本章上机练习一将使用选区和渐变工具制作一个简单的按钮；练习二将使用形状工具绘制出一个卡通头像。制作效果及制作提示如下。

练习一　绘制按钮

1 新建一个空白文件并创建一个圆形选区。

2 设置"渐变工具"的参数。

3 渐变填充选区。

4 在创建的渐变填充区域内再创建一个圆形选区。

5 使用与前面所设置的方向相反的渐变样本填充选区。

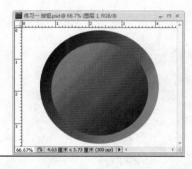

练习二　绘制卡通头像

1 使用"椭圆工具"绘制头和眼睛。

2 使用"自定形状工具"绘制鼻子。

3 使用"直线工具"绘制嘴巴。

第7章 通过路径绘制图像

- 认识路径
- 绘制路径
- 编辑路径

博士，我想绘制出一些流畅的线条，但是觉得使用"画笔工具"不是很好实现，还有什么办法可以实现呢？

对于欠缺绘画基础的用户来说使用"画笔工具"很难绘制出流畅的线条，但我们可以借助于路径工具进行绘图，使用它可以绘制出精确的图像。

聪聪，在绘制路径的过程中要不断地对路径进行调整才可以绘制出漂亮的线条哦！

7.1　认识并绘制路径　　<<

　　使用选区工具可以设定选择区域，但无法处理细节内容，而使用路径工具可以对选区进行精确的定位和调整。路径工具常用于选择不规则的区域，还可以对其进行描边和填充，从而制作出许多意想不到的效果。

>> 7.1.1　认识路径

　　路径，即是用一系列锚点连接起来的线段或曲线，沿着这些线段或曲线可以进行填充或描边等操作。路径由锚点和连接锚点的线段组成，每个锚点包括两个调整柄，用于精确地调整定位点和前后线段的曲度。

　　聪聪，路径为矢量线条，在打印图像文件时，将不会被打印出来。

　　路径有开放路径和封闭路径之分，开放路径是指路径的起点和终点未重合，可以观察到起点和终点，而封闭路径则是指路径的起点和终点重合。

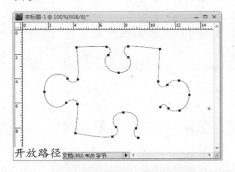

开放路径

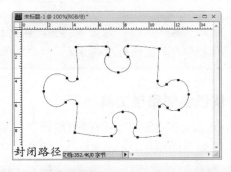

封闭路径

　　在创建路径时，用户可以根据自己的需要，创建直线型路径、曲线型路径和混合型路径。其具体操作将会在接下来的内容中进行详细讲解。

>> 7.1.2　初识"路径"调板

　　Photoshop CS4中路径的基本操作和编辑都是通过"路径"调板来实现的，"路径"调板位于图层调板组中，如下面右图所示。

　　聪聪，如果工作界面中没有出现"路径"调板，可以依次选择"窗口"→"路径"命令调出"路径"调板。

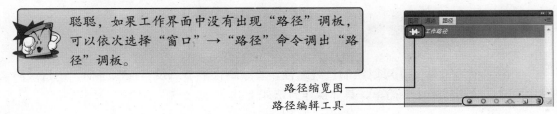

路径缩览图

路径编辑工具

创建路径完成后，系统将自动为新创建的路径命名为"工作路径"。如果想修改路径的名称可以双击路径名称或双击路径缩览图，然后在弹出的"存储路径"对话框的"名称"文本框中输入新的名称，最后单击"确定"按钮即可。

单击"路径"调板右上角的 按钮，在弹出的快捷菜单中选择"面板选项"命令，然后在弹出的"路径面板选项"对话框中选择不同的显示方式，单击"确定"按钮即可以不同的方式显示路径。

   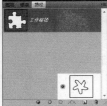 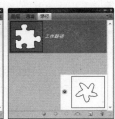

 聪聪，在"路径"调板中，系统默认的缩览图方式为"路径面板选项"对话框中的第二个单选项对应的方式。

>> 7.1.3 认识绘制路径工具

在Photoshop CS4中，路径一般通过"钢笔工具" 来绘制，选择该工具后，其对应的选项栏如下图所示。

该选项栏与形状工具所对应的选项栏完全相同，只是选择"钢笔工具"时系统自动激活"路径"按钮，如果要绘制形状，只需单击"形状图层"按钮即可。

>> 7.1.4 绘制路径

使用"钢笔工具"选项栏中的路径绘制工具，用户可以像绘制形状一样轻而易举地绘制出需要的路径。

1. 直线路径

知识讲解

使用"钢笔工具" 可以绘制直线路径，直线路径的节点没有控制手柄，由直线段组合而成，绘制起来比较简单，具体操作方法如下。

技巧 绘制直线路径时，按住"Shift"键可以绘制出水平、垂直或45°的直线路径。

（1）单击工具调板中的"钢笔工具"按钮。

（2）在文档窗口中单击，确定路径的起始锚点。

（3）移动鼠标到下一个位置，单击确定路径的第二个锚点。

（4）继续移动鼠标，确定其他锚点。

（5）如果要绘制封闭的直线路径，只需将鼠标移动到起点处单击即可。

互动练习

下面练习使用"钢笔工具"绘制直线路径，完成名片的绘制。

第1步　打开素材图像

依次选择"文件"→"打开"命令，打开素材图像"09.jpg"。

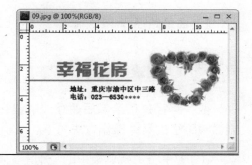

第2步　绘制封闭路径

1 单击工具调板中的"钢笔工具"按钮。

2 使用钢笔工具在文档窗口底部连续单击绘制出一个矩形封闭路径。

第3步　填充封闭路径

1 设置"前景色"为"#dd7d6d"。

2 单击"路径"调板底部的"用前景色填充路径"按钮，填充后的效果如图所示。

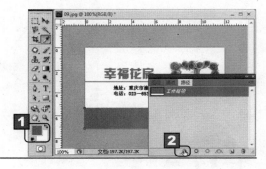

第4步　完成名片的绘制

1 再次使用"钢笔工具" 在文档窗口顶部连续单击，绘制出一个矩形封闭路径。

2 设置前景色为"#90ff00"。

3 单击"路径"调板底部的"用前景色填充路径"按钮 ，填充后如图所示。

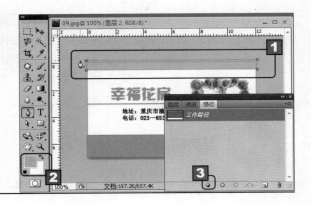

2. 曲线路径

　知识讲解

　　曲线路径是指绘制后曲线上的锚点具有可调弯曲度的调整柄，使用"钢笔工具"绘制曲线路径的具体操作方法如下。

（1）单击工具调板中的"钢笔工具"按钮 。

（2）在文档窗口中单击确定路径的起始锚点，当鼠标呈 ▶ 显示时，按住鼠标左键拖动调整柄，确定曲线的绘制方向。

（3）单击并拖动鼠标得到下一段曲线。

（4）如果要改变下一段曲线的方向，将鼠标移动到调整柄上，然后按住"Alt"键拖动调整柄。

（5）继续单击并拖动鼠标绘制其他曲线。

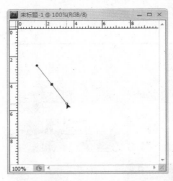
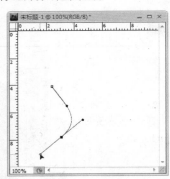
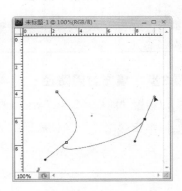

　互动练习

　　下面练习使用"钢笔工具" 绘制曲线路径，完成名片的绘制。

说明　调整柄总是和曲线相切，调整柄的斜率决定了曲线的斜率。

第1步 打开素材图像

依次选择"文件"→"打开"命令，打开素材图像
"09.jpg"。

第2步 绘制曲线路径

1 单击工具调板中的"钢笔工具"按钮。

2 在文档窗口中单击创建起始锚点。

3 在起始锚点的右下侧单击并向右拖动，创建带
有调整柄的第二个锚点。

4 在第二个锚点的右上侧单击并向右拖动，创建
带有调整柄的第三个锚点。

5 继续绘制锚点，最后单击起始锚点，完成曲线
路径的绘制。

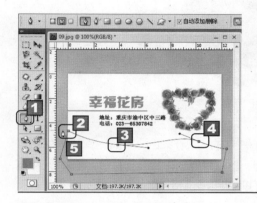

第3步 填充封闭路径

1 设置前景色为"#dd7d6d"。

2 单击"路径"调板底部的"用前景色填充路
径"按钮，填充后的图像如图所示。

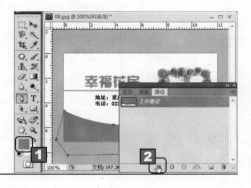

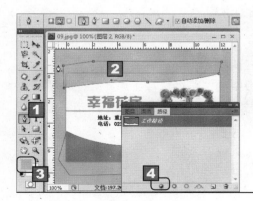

第4步 完成名片的绘制

1 再次单击工具调板中的"钢笔工具"按钮。

2 在文档窗口的顶部绘制曲线路径。

3 设置前景色为"#90ff00"。

4 单击"路径"调板底部的"用前景色填充路
径"按钮，填充后的图像如图所示。

3. 绘制自由路径

"自由钢笔工具"  的使用方法和"套索工具"类似，只需在"钢笔工具"对应的选项栏中单击"自由钢笔工具"按钮，然后在文档窗口中任意拖动即可。如果勾选了选项栏中的"磁性的"复选框，使用"自由钢笔工具"绘制路径时，绘制的路径会自动产生锚点。

4. 绘制自定义路径

在选项栏中单击"路径"按钮，使用选项栏中的"矩形工具"、"圆角矩形工具"、"椭圆工具"、"多边形工具"、"直线工具"和"自定义形状工具"可以绘制与其名称对应的路径，绘制路径的方法与绘制形状的方法完全一样。

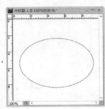

7.2 编辑路径 ————————————————————— <<

初次创建的路径往往不能满足用户的需要，这就需要使用路径调整工具对其进行相应的调整和修改，下面将对路径调整工具进行详细的讲解。

>> 7.2.1 选择路径

编辑路径的实质就是对路径的各组成元素进行调整，在进行调整之前应该首先选择需要调整的元素。单击工具调板中的"路径选择工具"按钮，即可选择整条路径，按住按钮不放，在弹出的下拉列表中单击"直接选择工具"按钮，即可选择路径上的各个元素。

> ■ ▶ 路径选择工具 A
> ▶ 直接选择工具 A

1. 选择路径

单击"路径选择工具"按钮后，在路径上的任意处单击，即可选择整条路径，此时路径上的锚点呈黑色实心点显示。

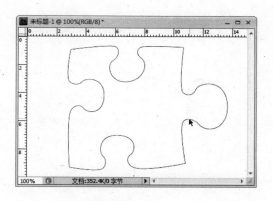 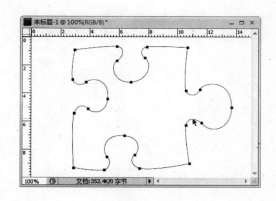

2. 锚点间的线段

单击"直接选择工具"按钮 ，后，在路径上单击两个锚点间的线段即可选中路径段，如果线段两端具有调整柄，将会被显示。

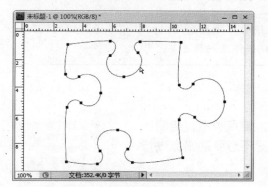 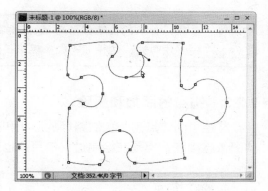

3. 选择锚点

单击"直接选择工具"按钮 ，后，在需要选择的锚点上单击或单击拖动选框即可选中锚点，此时被选中的锚点呈黑色实心点显示。

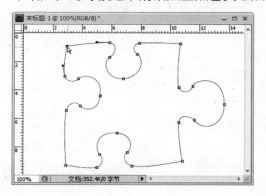 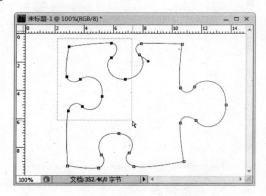

>> 7.2.2 移动路径

使用"直接选择工具" 选择需要移动的路径、路径段或锚点后，按住鼠标左键进行拖动，然后在适当的位置释放鼠标左键，即可改变路径、路径段或锚点的位置。

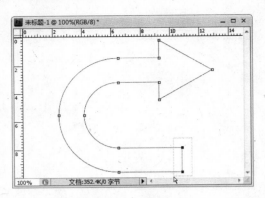
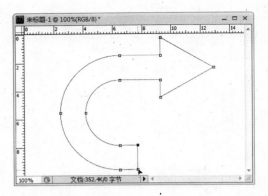

利用鼠标指针移动路径时，常常会不精确。如果要精确地移动路径，可以通过键盘上的"↑"、"↓"、"←"和"→"键来完成。每按一次方向键路径将向指定的方向移动一个像素的距离。

 聪聪，如果想快速移动路径，还能知道移动的距离，可以按住"Shift"键的同时按下方向键，这样可一次实现路径移动10个像素的距离。

>> 7.2.3　锚点的添加和删除

路径中的锚点用于控制路径的形状和范围，锚点越多，绘制出的图像越细腻，但是在绘制过程中用户也需要对不必要的锚点进行删除。

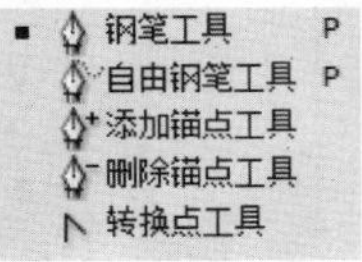

```
■  ◊ 钢笔工具          P
   ◊ 自由钢笔工具      P
   ◊⁺ 添加锚点工具
   ◊₋ 删除锚点工具
   �N 转换点工具
```

1．添加锚点

按住工具调板中的"钢笔工具"按钮◊不放，在弹出的下拉列表中单击"添加锚点工具"按钮◊⁺，然后移动鼠标到路径上单击，即可在单击处添加一个锚点。

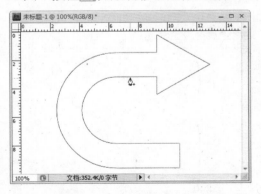
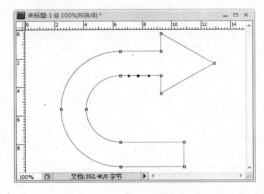

2．删除锚点

按住工具调板中的"钢笔工具"按钮◊不放，在弹出的下拉列表中单击"删除锚点工具"按钮◊₋，然后将鼠标移动到路径的锚点上单击，即可删除单击处的锚点。

技巧　如果想删除路径段，可先使用"直接选择工具"选择路径段，然后按下"Delete"键即可。

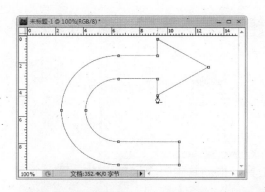 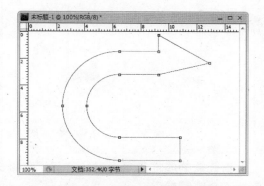

 聪聪，使用"直接选择工具" ▶ 选中锚点后，按下"Delete"键删除选中锚点的同时也会删除锚点的连接线。

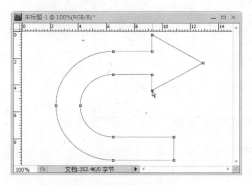 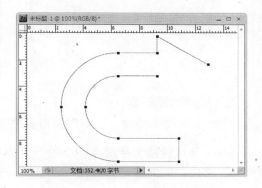

>> 7.2.4　锚点属性的转换

锚点两端的调整柄用于控制曲线路径的弯曲程度，用户可以通过拖动调整柄任意改变路径的范围。

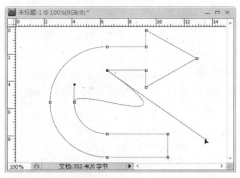 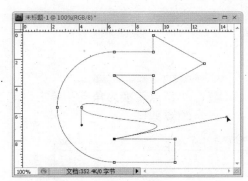

1.　锚点属性

锚点有两种属性，分别是平滑属性和角点属性。连续弯曲的曲线中间的锚点被称为平滑锚点，非连续弯曲的曲线中间的锚点被称为角点锚点。

当锚点的属性为平滑时，使用"直接选择工具"拖动其中一个调整柄时，另一个调整柄也会跟着变化，调整柄相连接的线段呈平滑显示。

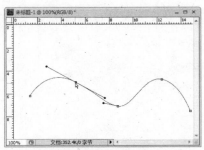
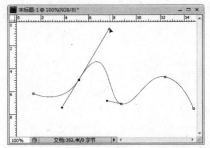

当锚点的属性为角点时，使用"直接选择工具"拖动其中一个调整柄时，另一个调整柄不会跟着变化。

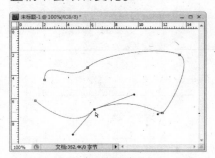
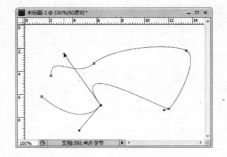

2. 锚点属性转换

用户在编辑路径时，可以根据需要将锚点的属性在平滑和角点之间进行转换。

■ **角点转换为平滑点**：单击钢笔工具组中的"转换点工具"按钮，然后单击角点并向外拖动直到出现调整柄为止。

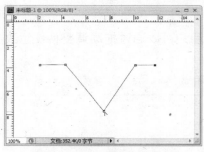
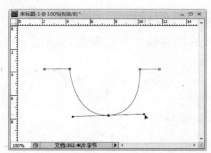

■ **平滑点转换为角点**：单击钢笔工具组中的"转换点工具"按钮，然后单击平滑点即可。

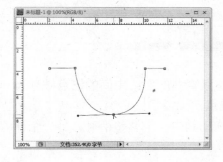
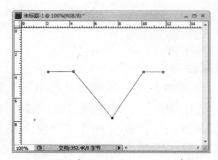

说明 使用"矩形工具"绘制的路径上的锚点属性都为角点属性。

>> 7.2.5 路径的变换

路径的变换和形状的变换方法完全一样，包括缩放、旋转、斜切、扭曲、透视、变形和翻转等。按下"Ctrl+T"组合键使路径进入编辑状态，然后在文档窗口的任意位置单击鼠标右键，在弹出的快捷菜单中选择相应的命令，完成编辑后按"Enter"键确定变换即可。

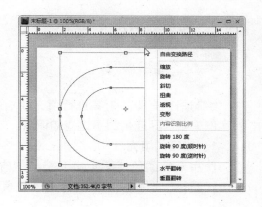

>> 7.2.6 路径与选区的转换

使用"路径"调板可以在路径与选区之间进行相互转换，这样就可以使用"路径选择工具"和"直接选择工具"对选区进行更加精确的调整。

1. 将路径转换为选区

创建并编辑好路径后，就可以将路径转换成选区，以便进一步编辑。先在"路径"调板中选择需要转换成选区的路径，然后单击"路径"调板中的"将路径作为选区载入"按钮即可。

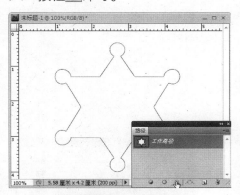
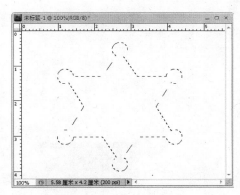

2. 将选区转换为路径

在文档窗口中创建选区后，单击"路径"调板底部的"从选区生成工作路径"按钮，即可将选区转换成当前工作路径。

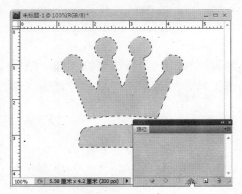
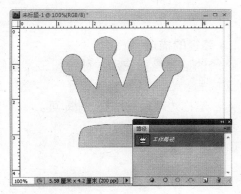

>> 7.2.7　路径的填充与描边

 知识讲解

　　绘制路径是为了对其进行填充和描边，以达到完成图像绘制的目的。本章前面介绍的案例中都已经应用到了这些知识点。

1.　路径的填充

　　使用某种颜色或图案填充路径的方法与填充选区的方法一样。路径创建完成后，单击"路径"调板底部的"用前景色填充路径"按钮 ，即可使用前景色对路径进行填充。

　　博士，填充选区时，可以在"填充"对话框中设置颜色或图案对选区进行填充，怎么样使用自定义颜色和图案填充路径呢？

　　单击"路径"调板右侧的 按钮，在弹出的下拉菜单中选择"填充路径"命令，即可在弹出的"填充路径"对话框中自定义颜色或图案对路径进行填充。

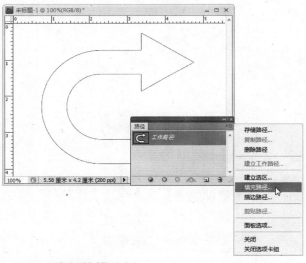

2.　路径的描边

　　路径的描边是指使用一种绘图工具或修饰工具沿着路径绘制图像或修饰图像。路径绘制完成后，在工具调板中选择一种绘图工具或修饰工具，然后单击"路径"调板底部的"用画笔描边路径"按钮 即可。

技巧　按住"Alt"键同时单击"用前景色填充路径"按钮，可以快速打开"填充路径"对话框。

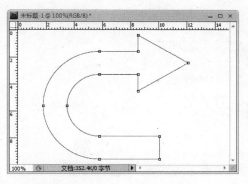
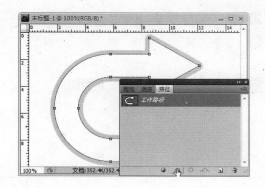

 互动练习

下面练习绘制、编辑和填充路径，制作百货商店的打折广告牌。

第1步　新建文件

依次选择"文件"→"新建"命令，新建一个名称为"广告牌"的文档，具体参数如图所示。

第2步　绘制矩形路径

1 单击选项栏中的"矩形工具"按钮 ▢。

2 按住"Shift"键，然后单击并拖动鼠标在文档窗口中绘制一个矩形路径。

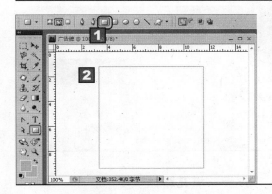

第3步　增加锚点

1 单击工具调板中的"添加锚点工具"按钮 ♦+。

2 在路径的左上角和右下角分别添加两个锚点。

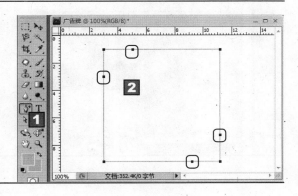

第4步 删除锚点

1 单击工具调板中的"删除锚点工具"按钮 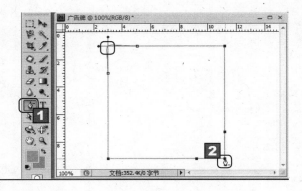。

2 单击路径左上角和右下角的顶点进行删除。

第5步 调整路径

1 单击工具调板中的"转换点工具"按钮 。

2 拖动路径左上角和右下角的两个调整柄，直到该处出现曲线路径为止。

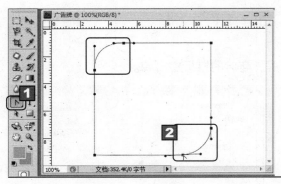

第6步 描边路径

1 设置前景色为"#d8adad"。

2 单击工具调板中的"画笔工具"按钮 。

3 设置画笔直径为"19px"，不透明度为"50%"。

4 单击"路径"调板中的"用画笔描边路径"按钮 ，对路径进行描边，如图所示。

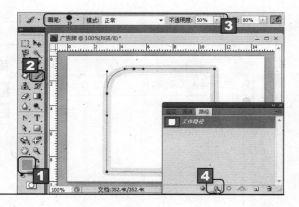

第7步 填充路径

1 设置前景色为"#72ff00"。

2 单击"路径"调板中的"用前景色填充路径"按钮 ，对路径进行填充，如图所示。

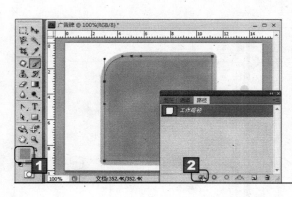

技巧 使用"转换点工具"拖动调整柄即可绘制出曲线路径。

第8步 添加文字

1 依次选择"文件"→"打开"命令，打开素材图像"11.psd"。

2 按住"Ctrl"键，将文字拖动到"广告牌"文档窗口中，最终效果如图所示。

7.3 上机练习 ——————————————————— <<

本章上机练习一将制作一把雨伞的轮廓图，首先使用"钢笔工具"绘制路径，然后利用"路径选择工具"、"直接选择工具"和"转换点工具"编辑路径，最后描边和填充路径；练习二将绘制路径和描边路径，制作出一幅具有简笔画效果的图像。制作效果及制作提示如下。

练习一 绘制雨伞

1 使用"钢笔工具"绘制路径。

2 使用"路径选择工具"、"直接选择工具"和"转换点工具"编辑路径。

3 描边路径。

4 填充路径。

练习二 制作简笔画

1 使用"钢笔工具"绘制路径。

2 使用"路径选择工具"、"直接选择工具"和"转换点工具"编辑路径。

3 描边路径。

第8章 图层的一般应用

- 创建图层
- 图层的编辑

博士，在绘制图像时如果有一个环节出错，破坏了图像的整体效果，那就要重新进行绘制，有什么方法可以避免这种情况的发生吗？

为了避免这种情况的发生，用户可以将图像的不同部分绘制到不同的图层上，这样在修改图像时，只需在对应的图层上修改即可，不会影响到图像的其他部分。

这样绘制和编辑图像就变得简单多了，博士，您给我们详细介绍一下吧！

8.1　创建图层 ——————————————————————— <<

　　在绘制图像时，如果某个环节出现错误，就会破换图像的整体效果，为了方便图像的绘制和修改，用户可以将图像中各个部分绘制在不同的图层上。图层不仅使图像的编辑更加方便，还使复杂的平面设计得以实现。

　　在Photoshop CS4中可以把图层看做一张张透明的薄膜，用户可以对图层上的图像进行单独的编辑或将图层进行分开保存，将这些薄膜叠加到一起便产生了新的图像。

>> 8.1.1　创建普通图层

　　普通图层是指由像素填充组成的一般图层，单击"图层"调板中的"创建新图层"按钮 ，即可快速创建一个透明的图层。

新建的透明图层

　　聪聪，系统默认情况下图层名称依次为"图层1"、"图层2"、"图层3"等，如果要对图层进行重命名，只需在"图层"调板中双击图层名称所在的区域，当图层名称呈现可编辑状态时输入新的名称，然后按下"Enter"键即可。

新建图像文件后，系统将自动生成一个"背景"图层。　　**说明**

Chapter 8

>> 8.1.2　创建文字图层

 知识讲解

　　文字图层是通过文字输入工具来创建的，首先单击工具调板中的"横排文字工具"按钮 T，并在其对应的选项栏中设置字体、字号和颜色等参数，然后在文档窗口中单击并输入文字，最后按下"Enter"键确认输入即可。

互动练习

　　下面练习使用文字工具为一张生日卡片添加文字效果。

第1步　打开素材图像

依次选择"文件"→"打开"命令，打开素材图像"02.jpg"，准备在文档窗口的空白处输入文字。

第2步　设置文字工具

1 单击工具调板中的"横排文字工具"按钮 T。

2 在选项栏中设置字体为"方正卡通简体"。

3 设置字号为"24点"。

4 设置颜色为"#f8bbca"。

第3步　输入中文

1 在文档窗口中单击鼠标左键，进入文字编辑状态。

2 输入文字"生日快乐"。

3 按下"Enter"键完成输入。

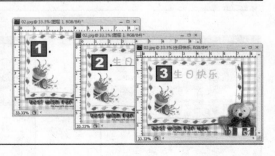

技巧　输入完成后，按下小键盘中的"Enter"键才可以确认输入。

第4步　设置文字工具

1 单击工具调板中的"横排文字工具"按钮 。

2 在选项栏中设置字体为"方正卡通简体"。

3 设置字号为"14点"。

4 设置颜色为"#00aae8"。

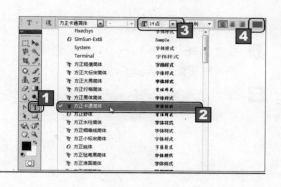

第5步　输入英文

1 在文档窗口中单击鼠标左键，进入文字编辑状态。

2 输入文字"HAPPY BIRTHDAY"。

3 按下"Enter"键完成输入。

>> 8.1.3　创建填充图层

创建填充图层是指使用纯色、渐变色或图案对图像或选区进行填充，填充后的内容位于一个单独的图层中且用户可以随时对其进行编辑。填充图层由图层缩览图和蒙版缩览图组成。

1. 创建纯色填充图层

 知识讲解

纯色填充图层使用某种单一的颜色对图像或选区进行填充，填充图层的颜色可以随时进行更改，具体操作方法如下。

（1）依次选择"图层"→"新建填充图层"→"纯色"命令。

（2）在弹出的"新建图层"对话框中直接单击"确定"按钮。

（3）在弹出的"拾取实色"对话框中设置颜色，然后单击"确定"按钮即可。

互动练习

下面练习使用纯色填充图层来改变图像中黑色区域的显示颜色。

第1步 绘制填充选区

1 依次选择"文件"→"打开"命令，打开素材图像"03.jpg"。

2 使用"魔棒工具"选中图像中的黑色区域。

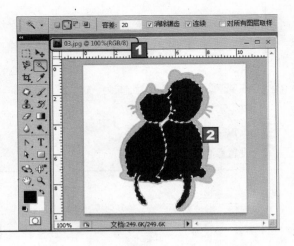

第2步 创建纯色填充图层

1 依次选择"图层"→"新建填充图层"→"纯色"命令，在弹出的"新建图层"对话框中单击"确定"按钮。

2 在弹出的"拾取实色"对话框中选择"#f89b9b"作为填充颜色。

3 单击"确定"按钮。

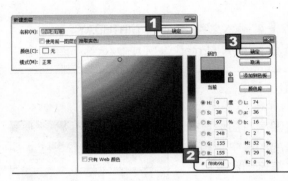

第3步 查看填充图像

创建纯色填充图层后，可以在"图层"调板中查看创建的填充图层，填充后的效果如图所示。

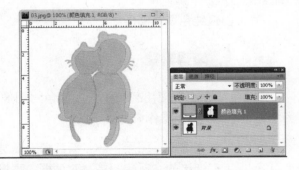

聪聪，在"图层"调板中双击图层缩览图，即可快速打开"拾取实色"对话框，在此对话框中可以重新设置要填充的颜色。

2. 创建渐变颜色填充图层

创建渐变颜色填充图层和使用渐变工具填充图像或选区的方法相同。首先依次选择"图层"→"新建填充图层"→"渐变"命令，在弹出的"新建图层"对话框中直接单击"确定"按钮，然后在弹出的"渐变颜色"对话框中选择一种渐变样本，最后单击"确定"按钮即可。

说明 "新建图层"对话框中的不透明度参数用于设置颜色填充后的透明程度。

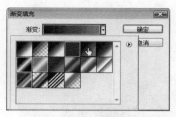

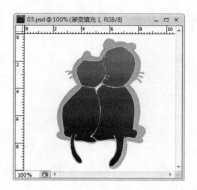

3. 创建图案填充图层

创建图案填充图层和使用填充命令填充图像或选区的方法相同。首先依次选择"图层"→"新建填充图层"→"图案"命令，在弹出的"新建图层"对话框中直接单击"确定"按钮，然后在弹出的"图案填充"对话框中选择一种图案样本，最后单击"确定"按钮即可。

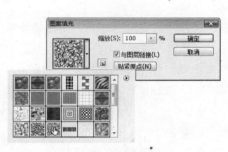

>> 8.1.4　创建调整图层

 知识讲解

使用色彩和色调命令可以方便地对图像的颜色进行调整，但会改变像素的颜色信息，对图像造成破坏。通过创建调整图层调整图像与直接使用调整命令调整图像的结果一致，并可以随时编辑调整图层且不改变原图像的颜色信息。创建调整图层的具体操作方法如下。

（1）依次选择"图层"→"新建调整图层"命令，在弹出的子菜单中选择一种调整命令。

（2）在弹出的"新建图层"对话框中直接单击"确定"按钮。

（3）在"调整"调板中设置参数。

 互动练习

下面练习通过创建调整图层来改变图像的色相和饱和度。

第1步 打开素材图像

依次选择"文件"→"打开"命令，打开素材图像"04.jpg"。

第2步 创建调整图层并调整图像

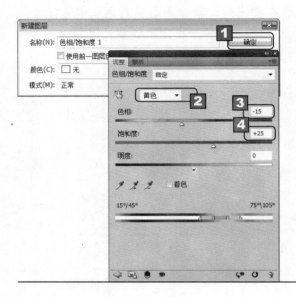

1 依次选择"图层"→"新建调整图层"→"色相/饱和度"命令，在弹出的"新建图层"对话框中直接单击"确定"按钮。

2 在"调整"调板的"编辑"下拉列表中选择"黄色"选项。

3 向左拖动"色相"的滑块至"–15"，或者在"色相"文本框中输入数值"–15"。

4 向右拖动"饱和度"的滑块至"+25"，或者在"饱和度"文本框中输入数值"+25"。

第3步 再次调整图像的色相与饱和度

1 在"编辑"下拉列表中选择"红色"选项。

2 向左拖动"色相"的滑块至"–10"，或者在"色相"文本框中输入数值"–10"。

3 向右拖动"饱和度"的滑块至"+10"，或者在"饱和度"文本框中输入数值"+10"。

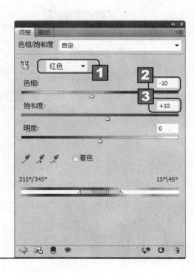

技巧 在"调整"调板中单击相应的图标，可以快速创建调整图层。

第4步 查看调整后的图像

完成色相与饱和度的调整后，可以在"图层"调板中查看创建的调整图层，最终效果如图所示。

>> 8.1.5 创建智能图层

知识讲解

　　智能图层是指包含栅格或矢量图像数据的图层，使用智能图层可以保留图像的源内容及其所有原始特性，从而能够对图像进行非破坏性编辑。这是一种高效的图像编辑方法，特别适合初学者使用，创建智能图层的具体操作方法如下。

（1）依次选择"图层"→"智能对象"→"转换为智能对象"命令，将编辑的图层转换为智能图层。

（2）依次选择"图层"→"智能对象"→"编辑内容"命令，创建图像副本，并对图像副本进行编辑。

（3）按下"Ctrl+S"组合键，将编辑效果应用到智能图层中。

互动练习

　　下面练习创建智能图层，并为其添加文字效果。

第1步 打开素材图像

依次选择"文件"→"打开"命令，打开素材图像"05.jpg"。

第2步　创建智能图层

依次选择"图层"→"智能对象"→"转换为
智能对象"命令，将背景图层转换为智能图
层。

第3步　创建副本图像文档

1 依次选择"图层"→"智能对象"→"编辑内容"命令，弹出提示对话框。

2 单击"确定"按钮，系统会自动生成一个名为"图层0.psb"的文档窗口。

第4步　输入文字

1 单击工具调板中"横排文字工具"按钮 T。

2 在选项栏中设置字体为"方正卡通简体"，字号为"18点"，颜色为"#e71a7b"。

3 在图像文档窗口右侧的底部输入文本"幸福一家"。

第5步　应用文字到智能图层

按下"Ctrl+S"组合键，将输入的文字特效应用到智能图层上，如图所示。

技巧 双击智能图层缩览图可以快速创建一个副本图像文档。

8.2 图层的编辑   <<

图层的编辑一般包括选择、复制、删除、合并、排列、对齐、分布、链接、锁定、显示和隐藏等，这些操作都可以通过"图层"调板来完成。

>> 8.2.1 选择图层

在编辑图层前，首先要对图层进行选择。选择图层有以下两种方法：一是通过"图层"调板选择图层，二是通过"移动工具"选择图层。

1. 通过"图层"调板选择图层

通过"图层"调板选择图层主要有以下几种方法。

- **选择单个图层**：将鼠标指针移动到要选择的图层上，当鼠标指针呈 👆 显示时单击即可。
- **选择非连续图层**：按住"Ctrl"键，然后单击需要选择的图层即可。
- **选择连续图层**：先选择一个图层，然后按住"Shift"键同时单击另一个图层，这样可以同时选择两个图层之间（包括两个被单击图层）的所有图层。

2. 通过"移动工具"选择图层

单击工具调板中的"移动工具"按钮 ⊕，并在其对应的选项栏中勾选"自动选择"复选框，然后在文档窗口中单击图像，即可快速选择该图像所在的图层。

>> 8.2.2 复制图层

当需要复制图层中的图像时，只需先在"图层"调板上选择需要复制的图层，然后拖动至"图层"调板底部的"创建新图层"按钮 🔲 上，最后释放鼠标即可。

聪聪，复制的图像将与原图像完全重叠，不过在"图层"调板中复制的图层将在原来名称的基础上加上"副本"字样，以示区别。

除此之外，选择需要复制的图层后，通过以下几种方法也可以完成图层的复制操作。

- 选择需要复制的图层，然后单击"图层"调板右上角的■按钮，在弹出的下拉菜单中选择"复制图层"命令即可。
- 在需要复制的图层上单击鼠标右键，在弹出的快捷菜单中选择"复制图层"命令即可。
- 单击工具调板中的"移动工具"按钮，然后按住"Alt"键的同时拖动该图层即可。

>> 8.2.3　删除图层

如果需要将图像文件中多余的图层删除掉，可以通过以下几种方法来实现。

- 单击需要删除的图层，然后按下"Delete"键。
- 单击需要删除的图层，然后单击"图层"调板底部的"删除图层"按钮。
- 单击需要删除的图层，然后将其拖动到"图层"调板底部的"删除图层"按钮上后释放鼠标。

>> 8.2.4　合并图层

在编辑复杂的图像文件时，可以将已经编辑好的图层进行合并，以减少图像文件的大小，方便图层的管理和归类。

1．向下合并图层

向下合并图层是指将当前所选图层与下一个图层进行合并，依次选择"图层"→"向下合并"命令即可向下合并图层。

技巧　按下"Ctrl+E"组合键可以将所选图层与下一个图层进行合并。

 博士，在进行图层合并操作时，当下一个图层为文字图层时为什么不能完成合并操作呢？

 文字图层中的图像为矢量图，不能直接进行合并，必须将文字图层进行栅格化后才能合并。也可以同时选中要合并的图层和下一个文字图层，然后按下"Ctrl+E"组合键进行合并。

2. 合并可见图层

合并可见图层是指将"图层"调板中所有可见的图层合并成一个图层，而处于隐藏状态的图层将不会被合并，依次选择"图层"→"合并可见图层"命令即可合并可见图层。

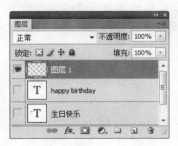 

3. 拼合图层

拼合图层可以将所有图层合并成为单一的背景图层，如果有图层处于隐藏状态，系统将弹出对话框提示用户，单击"确定"按钮，隐藏的图层将不会拼合到最后完成的图层中。

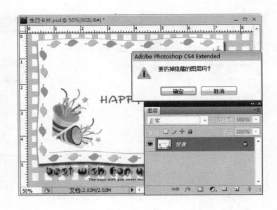

>> 8.2.5　排列图层

在"图层"调板中图层是以堆栈形式放置的，但图层之间的顺序是可以改变的，只需依次选择"图层"→"排列"命令，并在弹出的子菜单中选择相应的命令即可。

- ■　**置为顶层：**将当前图层移动到顶部。
- ■　**前移一层：**将当前图层向上移动一层。
- ■　**后移一层：**将当前图层向下移动一层。
- ■　**置为底层：**将当前图层移动到底部。

选择图层　　置为顶层　　前移一层　　后移一层　　置为底层

聪聪，背景图层是无法移动的，系统默认背景图层呈锁定状态。如果要移动背景图层，可以在背景图层上双击，将背景图层转换为普通图层即可，转换后的背景图层名称为"图层0"。

>> 8.2.6　对齐图层

对齐图层是指将两个或两个以上图层中的图像以某一图像作为参照物进行对齐操作。依次选择"图层"→"对齐"命令，即可在弹出的子菜单中选择以下对齐命令。

- ■　**顶边：**以文档窗口最顶部显示的图层作为参照物进行对齐。
- ■　**垂直居中：**将所有图层中图像的中心在同一水平线上显示。

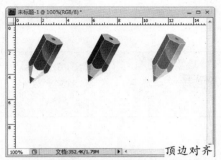
顶边对齐

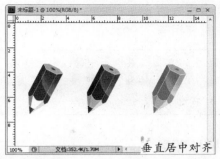
垂直居中对齐

- **底边**：以最底部图像的底边为参照物进行对齐。
- **左边**：以最左侧图像的左边为参照物进行对齐。

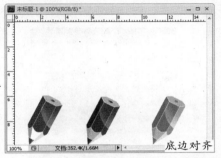
底边对齐

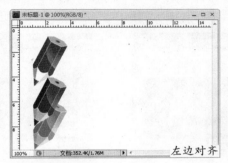
左边对齐

- **水平居中**：将所有图像的中心在同一竖直线上显示。
- **右边**：以最右侧图像的右侧为参照物进行对齐。

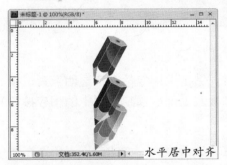
水平居中对齐

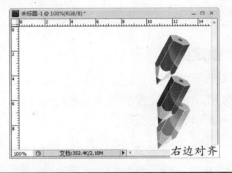
右边对齐

聪聪，单击工具调板中的"移动工具"按钮 ，再单击选项栏中的 、 、 、 、 和 按钮，即可快速实现图层的顶边、垂直居中、底边、左边、水平居中和右边对齐。

>> 8.2.7 分布图层

分布图层是指将三个或三个以上的图层中的图像以某种方式进行水平或垂直方向上的等距分布，即使得图像在水平或垂直方向上距离相等。

- **垂直方向分布**：选择任意一种垂直分布方式，可使图像之间在垂直方向上的距离相等。

水平方向分布方式

垂直方向分布方式

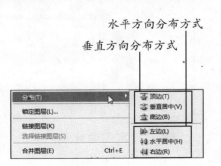

分布(T)	▶	顶边(T)
锁定图层(L)...		垂直居中(V)
		底边(B)
链接图层(K)		
选择链接图层(S)		左边(L)
		水平居中(H)
合并图层(E)	Ctrl+E	右边(R)

■ **水平方向分布**：选择任意一种水平分布方式，可使图像之间在水平方向上的距离相等。

> 聪聪，单击工具调板中的"移动工具"按钮，然后单击选项栏中的、、、、和按钮，即可快速实现图层的顶边、垂直居中、底边、左边、水平居中和右边分布。

>> 8.2.8　链接图层

链接图层是指将多个图层链接成为一组，以便同时对链接的多个图层进行变换、移动和复制等操作。要链接图层，首先在"图层"调板中选择两个或两个以上的图层，然后单击"图层"调板底部的"链接图层"按钮即可。

> 聪聪，如果要取消某个图层的链接，只需选择该图层，然后单击"图层"调板中的"链接图层"按钮即可。

>> 8.2.9　锁定图层

锁定图层可以完全或部分锁定图层以保护其内容。锁定图层包括锁定透明像素、锁定图像像素、锁定位置和锁定全部。单击"图层"调板左上部"锁定"栏中的相应按钮即可完成操作。

■ **锁定透明像素**：单击"图层"调板上的"锁定透明像素"按钮，当所选图层的右侧显示图标时，表示该透明区域不能被编辑，但有像素存在的区域可以被编辑。

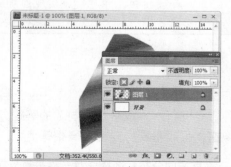

■ **锁定图像像素**：单击"图层"调板上的"锁定图像像素"按钮，当所选图层

说明　在"图层"调板中图层的右侧出现图标，表示该图层为链接图层。

的右侧显示 🔒 图标时，表示当前图层除了可以被移动外不能进行其他操作。

 单击"移动工具"按钮并移动鼠标光标到文档窗口，此时鼠标光标呈 ▶⊕ 显示，表示该工具可用；选择其他工具进行编辑，此时鼠标光标呈 🚫 显示，表示它们不能对当前图层进行编辑。

- ■ **锁定位置**：单击"图层"调板上的"锁定位置"按钮 ⊕，当所选图层的右侧显示 🔒 图标时，表示当前图层除了不能被移动外，可以进行其他任何操作。
- ■ **锁定全部**：单击"图层"调板上的"锁定全部"按钮 🔒，当所选图层右侧显示 🔒 图标时，表示当前图层不能进行任何操作。

 聪聪，如果需要对图层取消锁定，只需单击相应的锁定按钮，使其不被选中即可，此时图层右侧的图标将会自动消失。

>> 8.2.10 显示和隐藏图层

在图层左侧都显示一个"显示/隐藏"图标 👁，表示图层为可见，单击该图标使其不再显示，表示图层被隐藏。再次单击该图标所在的区域，被隐藏的图层即可被显示出来。

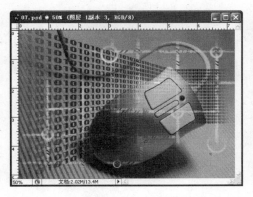 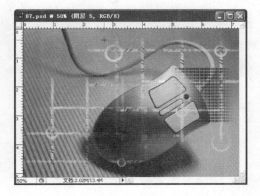

8.3 上机练习 ————————————— <<

本章上机练习一将通过新建普通图层、文字图层和形状图层等操作制作一个音响的广告；练习二将通过创建调整图层，调整图像的色彩与色调。制作效果及制作提示如下。

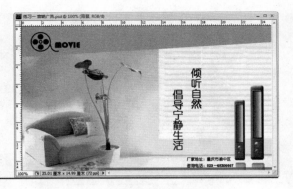

练习一　制作音响广告

1. 打开素材图像"06.jpg"。
2. 新建图层并制作广告顶部的填充颜色块。
3. 使用形状工具在左上角创建公司的标志。
4. 使用文字工具创建文字图层。

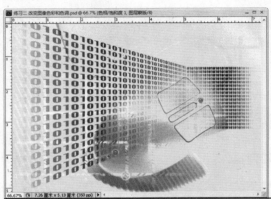

练习二　改变图像的色彩和色调

1. 打开素材图像"07.psd"。
2. 创建"色相/饱和度"图层，增加图像的色相。
3. 增加图像的饱和度。
4. 增加图像的明度。

技巧　编辑图层时，可以把不需要的图层隐藏起来。

第9章　图层的高级应用

- ■ 图层混合模式
- ■ 添加图层样式
- ■ 编辑图层样式

博士，使用Photoshop CS4可以制作出各种各样的特殊效果，如发光、浮雕和透明等，这些效果是怎样制作出来的呢？

图像的特殊效果可以通过为图层添加图层样式获得，还可以通过混合图层来实现。此外Photoshop CS4也提供了许多样式供用户选择，使制作特殊效果更加方便快捷。

聪聪，看来你要学的东西还真不少呢，图层样式和混合模式的作用这么大，我也要好好学习一下。

9.1　图层的混合效果 ————————————————— <<

在平面设计中，改变图层的混合模式往往会得到意想不到的效果，所谓图层混合是指通过调整当前图层的像素属性，与下面一个图层的像素产生叠加效果，从而产生不同的混合效果。

>> 9.1.1　不透明度混合

调整图层的不透明度可以使图像产生不同的效果，只需在"图层"调板中的"不透明度"文本框中输入数值即可，数值越少，图像越透明。

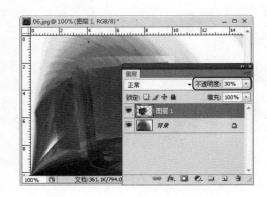

>> 9.1.2　填充混合

在"图层"调板中的"填充"文本框中也可以设置图层的不透明度，不同的是填充混合针对的是图像本身，而对添加在图层上的图层样式并不起作用。

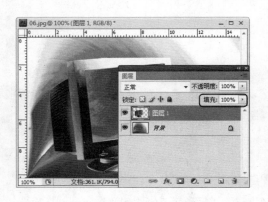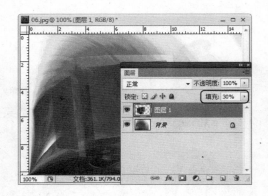

>> 9.1.3　图层模式混合

在使用Photoshop CS4进行图像合成时，设置图层混合模式是使用最频繁的操作之一。单击"图层"调板左上角的 正常 按钮，在弹出的下拉列表中可以设置图层混合模式。系统默认为"正常"模式，表示没有任何混合。

技巧 键盘上的"1"～"9"键分别对应"10%"～"90%"的不透明度，"0"键对应"100%"的不透明度。

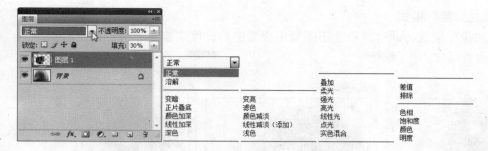

1．"正常"模式

"正常"模式是Photoshop CS4程序默认的一种混合模式，应用该模式时，绘制出的图形颜色会覆盖原有的背景色。

2．"溶解"模式

"溶解"模式是根据每个像素点所在位置不透明度的不同，随机地以绘制的颜色取代背景色，并达到与背景色溶解在一起的效果，主要用于使图像中柔和且半透明的区域产生点状效果。

3．"变暗"模式

使用"变暗"模式时，系统将自动查找各颜色通道内的颜色信息，并通过对像素中背景色与绘图色进行对比选择比较暗的颜色作为此像素最终的颜色，同时一切亮于背景色的颜色将被替代。

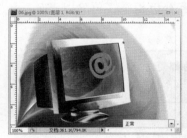  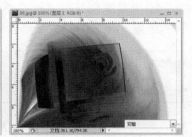

4．"正片叠底"模式

使用"正片叠底"模式时，系统将绘制的颜色像素值与背景色的像素值相乘，然后再除以255，得到的结果即是该模式颜色的最终效果。

 聪聪，任何颜色与黑色以"正片叠底"模式混合后得到的都是黑色，因为黑色的像素值为0，而任何颜色与白色混合后得到的都是原色，因为白色的像素值为255。

5．"颜色加深"模式

使用"颜色加深"模式时，系统将增强当前图层与下一图层之间的对比度，从而得到颜色加深的图像效果，任何颜色与白色以"颜色加深"模式混合后都不会发生任何变化。

如果图层没有设置透明属性，则在"溶解"模式下看不到任何效果。　　说明　167

6. "线性加深"模式

"线性加深"模式将通过减小上下图层中像素的对比度来提高图像的亮度，对原图像中的白色也有同样的作用。

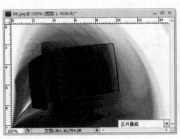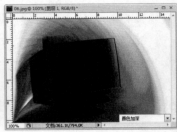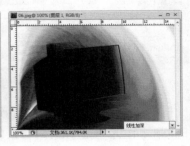

7. "深色"模式

使用"深色"模式时，系统将当前图层与下一图层中的图像的颜色相减，高光部分将会被隐藏。

8. "变亮"模式

"变亮"模式与"变暗"模式的作用相反，系统将自动选用绘图色与背景色中较亮的颜色。其中背景色中较暗的像素会被绘图色中较亮的像素所取代，而相对较亮的像素则保持不变。

9. "滤色"模式

使用"滤色"模式时，系统将绘制的颜色与背景色的互补色相乘，再除以255，得到的结果就是该模式的最终效果。

 聪聪，任何颜色与黑色以"滤色"模式混合后得到的都是原色，而任何颜色与白色混合后得到的都是白色。

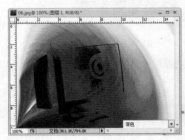

10. "颜色减淡"模式

使用"颜色减淡"模式时，系统将通过增加对比度使背景色的颜色变亮来反映绘图色。当用白色绘制图形时，背景色即为白色；当用黑色绘制图形时，背景色不会发生任何变化。

11. "线性减淡（添加）"模式

"线性减淡（添加）"模式和"颜色减淡"模式的作用相似，可以通过前景色加亮图像的颜色。

说明 如果合并了除"正常"模式外的所有图层，则合并后的图层模式自动设置为"正常"模式。

12.　"浅色"模式

"浅色"模式和"深色"模式的作用刚好相反，将当前图层中图像的颜色与下一图层中图像的颜色相减，阴影部分将会被隐藏。

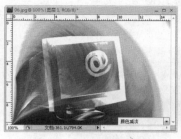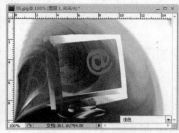

13.　"叠加"模式

使用"叠加"模式时，系统将绘制的颜色与背景色相叠加，保留背景色的高光和暗调部分，同时背景色不会被取代，而是和绘图色混合来体现原图的亮部与暗部。

14.　"柔光"模式

使用"柔光"模式时，系统将根据绘图色的明暗程度来决定最终的效果是变亮还是变暗。当绘图色比50%的灰色亮时，则原图像变亮；当绘图色比50%的灰色暗时，则原图像变暗。

如果用黑色或白色来绘图，则生成的最终颜色不是纯黑或纯白，而是在原图颜色的基础上使绘图颜色变暗或变亮。

15.　"强光"模式

使用"强光"模式时，系统将绘图的亮度加强，当绘图色比50%的灰色亮时，则原图像会变亮，同时会增加图像的高光效果；如果绘图色比50%的灰色暗，那么用纯白或纯黑绘制时，得到的最终颜色则是纯白或纯黑。

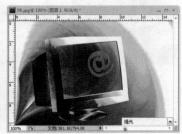

16.　"亮光"模式

使用"亮光"模式时，系统将通过增加或降低当前图层和下一图层的对比度来加深或减淡颜色。如果绘图色比50%的灰色亮，则图像通过降低对比度来变亮；如果绘图色比50%的灰色暗，则图像通过增加对比度来变暗。

17.　"线性光"模式

使用"线性光"模式时，系统将通过降低或增加当前图层和下一图层的对比度来加深或减淡颜色。如果绘图色比50%的灰色亮，则图像通过增加亮度来变亮；如果绘图色

使用"叠加"模式可以使图像有机地融入到背景中，在平面设计中运用最为频繁。　**说明**

比50%的灰色暗，则图像通过降低亮度来变暗。

18. "点光"模式

"点光"模式可根据绘图色替换颜色，如果绘图色比50%的灰色亮，则比绘图色暗的像素被替换，比绘图色亮的像素不发生变化；如果绘图色比50%的灰色暗，则比绘图色亮的像素被替换，比绘图色暗的像素不发生任何变化。

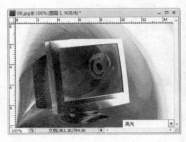

19. "实色混合"模式

使用"实色混合"模式时，系统将根据当前图层和下一图层的混合色产生加深或减淡效果，混合后图像颜色的饱和度得到加强。

20. "差值"模式

使用"差值"模式时，系统将根据绘图的颜色与背景色的亮度，以较亮颜色的像素值减去较暗颜色的像素值的差值作为最后效果的像素值。

21. "排除"模式

"排除"模式与"差值"模式的效果大致类似，但混合后的效果更加自然、柔和。

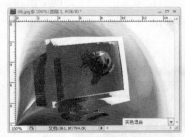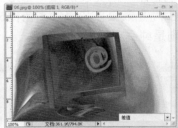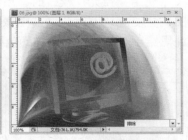

22. "色相"模式

使用"色相"模式时，系统将背景色的亮度、饱和度以及绘图色的色相作为最终色，混合色的亮度及饱和度与背景色相同，但色相则由绘制图形的颜色决定。

23. "饱和度"模式

使用"饱和度"模式时，系统将背景色的亮度、饱和度以及绘图色的色相作为最终色，如果绘图色的饱和度为0，则原图就不会发生变化，混合后的色相及亮度与背景色相同。

24. "颜色"模式

使用"颜色"模式时，系统将背景色的亮度及绘图色的色相、饱和度作为最终色，可保留原图的灰度，混合后的颜色由绘制的颜色决定。

说明 在"差值"模式下绘制白色时可以使背景色反相，绘制黑色时则原图没有变化。

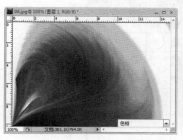 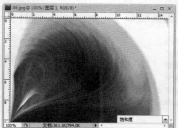 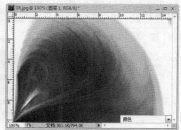

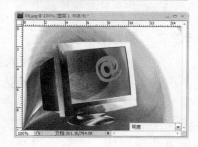

25. "明度"模式

"明度"模式和"颜色"模式的作用刚好相反，它只将当前图层中颜色的亮度融入到下一个图层中，但不改变下一个图层中颜色的色相和饱和度。

9.2　图层样式的应用   **<<**

通过应用图层样式，可以为图层创建多种不同的特殊效果，它们分别是投影、内阴影、内发光、外发光、斜面和浮雕、光泽、颜色叠加、渐变叠加、图案叠加和描边。

>> 9.2.1　"样式"调板

Photoshop CS4提供了"样式"调板，可以对"样式"效果进行管理。在"样式"调板中单击选择一种样式，即可为当前图层应用该样式效果。

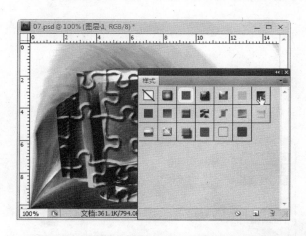

 聪聪，默认情况下样式列表框中只列出了20种样式，单击"样式"调板右上角的 按钮，在弹出的下拉菜单中选择相应的命令，即可载入其他样式。

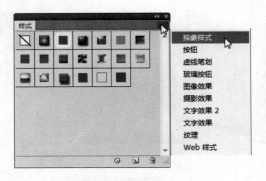
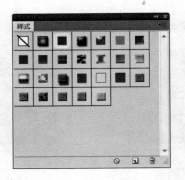

>> 9.2.2 添加图层样式

使用"样式"调板中的样式为图层添加效果有时候并不能达到用户需要的效果,这时就需要用户添加自定义图层样式。为图层自定义样式首先要选择图层,然后通过在"图层样式"对话框中进行相应的设置来完成。打开"图层样式"对话框主要有以下几种方法。

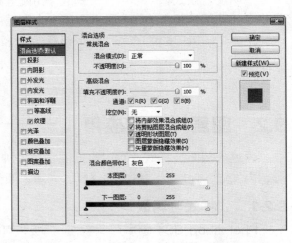

- ■ 依次选择"图层"→"图层样式"命令,在弹出的子菜单中选择任意命令即可。
- ■ 单击"图层"调板底部的"添加图层样式"按钮 *fx.*,在弹出的快捷菜单中选择任意命令即可。
- ■ 双击需要添加图层样式的图层。

1. "投影"样式

"投影"样式用于模拟物体受到光照后产生的效果,主要用于突显物体的立体感。选择"投影"命令后,在弹出的"图层样式"对话框中将自动勾选"投影"复选框,其参数设置包括投影的混合模式、不透明度、颜色、光线角度和模糊程度等。

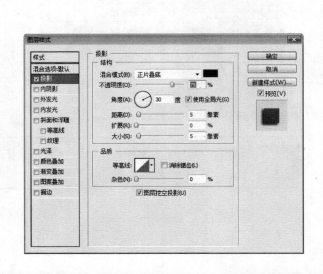

- ■ **"混合模式"下拉列表框**:单击其右侧的 ▼ 按钮,即可在打开的下拉列表中选择不

技巧 单击"样式"调板中列出的样式,可以快速为图层添加图层样式。

同的混合模式。

- ◾ **"投影颜色"色块**：单击"混合模式"下拉列表框右侧的色块，即可在弹出的 "选择阴影颜色"对话框中设置投影的颜色。
- ◾ **"不透明度"文本框**：用于设置投影的不透明度，可以拖动其右侧的滑块或在 文本框中输入数值来改变图层的不透明度，数值越大，投影颜色越深。

- ◾ **"角度"文本框**：用于设置投影的角度，可以通过选择角度指针进行角度的设 置，也可以在其右侧的文本框中输入数值来确定投影的角度。

- ◾ **"使用全局光"复选框**：用于设置时采用相同的光线照射角度。
- ◾ **"距离"文本框**：用于设置投影的偏移量，数值越大，偏移量越大。

- ◾ **"扩展"文本框**：用于设置投影的模糊边界，数值越大，模糊边界越小。

在调整样式参数的过程中，样式效果会及时在文档窗口中显示并更新。 **说明**

■　**"大小"文本框**：用于设置模糊的程度，数值越大，投影越模糊。

■　**"等高线"下拉列表框**：用于设置投影边缘的形状，单击其右侧的▼按钮，即
　　可在弹出的下拉列表中选择不同的等高线样式。

■　**"消除锯齿"复选框**：用于设置投影边缘是否具有锯齿效果。

■　**"杂色"文本框**：用于设置投影中颗粒的数量，数值越大，颗粒越多。

技巧　单击 ✐ 按钮，可以在弹出的"等高线编辑器"对话框中编辑等高线。

- **"图层挖空投影"复选框**：勾选该复选框，投影只沿图像的边缘产生。
- **"新建样式"按钮**：单击该按钮，在弹出的"新建样式"对话框中可对当前编辑的样式进行命名和保存，保存后的样式将自动存放到"样式"调板中，以便下次调用。

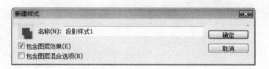

 下面练习为图层添加"投影"样式，使图像中的物体更加有立体感。

第1步 打开素材图像

依次选择"文件"→"打开"命令，打开素材图像"09.psd"，该素材图像由背景图层和"图层1"组成。

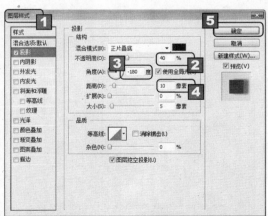

第2步 添加"投影"样式

1. 选择"图层1"，然后依次选择"图层"→"图层样式"→"投影"命令，弹出"图层样式"对话框。
2. 设置"不透明度"为"40%"。
3. 设置"角度"为"–180度"。
4. 设置"距离"为"10像素"。
5. 单击"确定"按钮。

第3步　查看添加图层样式后的图像

为"图层1"添加"投影"样式后，"图层"调板中将显示添加的样式的名称，最终效果如图所示。

2. "内阴影"样式

 知识讲解

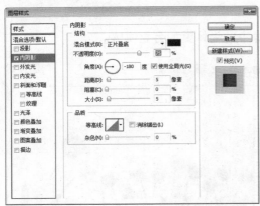

"内阴影"样式是指沿图像边缘向内产生的投影效果，其投影方向和"投影"样式的投影方向相反。选择"内阴影"样式后，在弹出的"图层样式"对话框中将自动勾选"内阴影"复选框，其参数设置包括内阴影的颜色、混合模式、不透明度、角度、距离和等高线等。

 与"投影"样式参数设置区域相比，"内阴影"样式参数设置区域将"扩展"变成了"阻塞"，但功能相同。

 互动练习

下面练习为文字图层添加"内阴影"样式。

第1步　打开素材图像

依次选择"文件"→"打开"命令，打开素材图像"10.psd"，该素材图像由背景图层和"图层1"组成。

技巧　单击图层后的 fx. 按钮，即可在调板中显示或隐藏图层效果。

第2步 添加"内阴影"样式

1 选择"图层1",然后依次选择"图层"→"图层样式"→"内阴影"命令,弹出"图层样式"对话框。

2 设置"角度"为"120度"。

3 设置"距离"为"10像素"。

4 设置"大小"为"8像素"。

5 单击"确定"按钮。

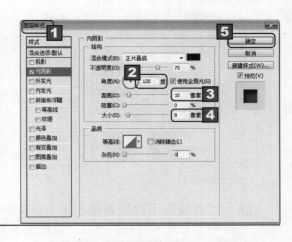

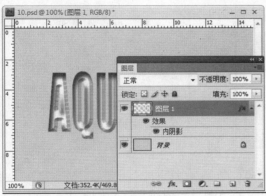

第3步 查看添加图层样式后的图像

为"图层1"添加"内阴影"样式后,"图层"调板中将显示添加的样式的名称,最终效果如图所示。

3. "外发光"样式

 知识讲解

"外发光"样式是指沿着图层的边缘向外产生发光效果。选择"外发光"样式命令后,在弹出的"图层样式"对话框中将自动勾选"外发光"复选框。在其参数设置区域的"结构"栏中可设置外发光的混合模式、不透明度和杂色等;在"品质"栏中可设置外发光的等高线、消除锯齿、范围和抖动等。

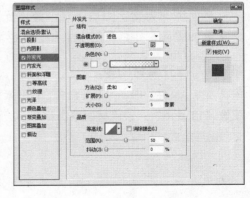

- ◉ □ :用于设置外发光颜色为单色,单击其右侧的色块,即可在弹出的"拾色器"对话框中设置新颜色。

- ◉ □ :用于设置外发光颜色为渐变色,单击其右侧的按钮,即可在打开的列表框中选择其他渐变样本。

设置"内阴影"样式时,"阻塞"选项用于设置模糊之前收缩内阴影的边界。 **说明** 177

Chapter 9

■ **"方法"下拉列表框**：用于设置外发光边缘的柔和方式，单击其右侧的▪按钮，即可在打开的下拉列表框中设置"柔和"或"精确"方式。

■ **"范围"文本框**：用于设置外发光轮廓的范围，数值越大，范围越大。
■ **"抖动"文本框**：用于设置外发光颗粒的填充数量，数值越大，颗粒越多。

 互动练习

下面练习为文字图层添加"外发光"样式，使文字图层从背景图层中分离出来，使文字更加醒目，并具有层次感和立体感。

第1步　打开素材图像

依次选择"文件"→"打开"命令，打开素材图像"11.psd"，该素材图像由背景图层和文字图层组成。

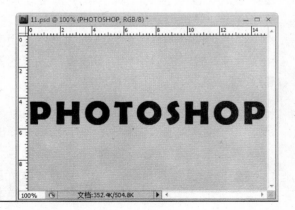

说明 单击 的中间部分，即可在弹出的"渐变编辑器"对话框中编辑渐变样式。

第2步　添加"外发光"样式

1 选择文字图层，然后依次选择"图层"→"图层样式"→"外发光"命令，弹出"图像样式"对话框。

2 设置颜色为"#ffff00"。

3 设置"扩展"为"50%"。

4 设置"大小"为"10像素"。

5 单击"确定"按钮。

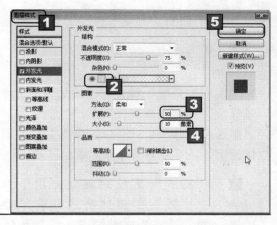

第3步　查看添加图层样式后的图像

为文字图层添加发光样式后，"图层"调板中将显示添加的样式的名称，最终效果如图所示。

4．"内发光"样式

"内发光"样式和"外发光"样式的效果在方向上相反，"内发光"样式是沿着图层的边缘向内产生的发光效果。其参数设置区域与"外发光"样式相比多了"居中"和"边缘"两个单选项。

- ■ **"居中"单选项**：选择该单选项，产生的内发光效果将从图层的中心向外进行过渡。

- ■ **"边缘"单选项**：选择该单选项，产生的内发光效果将从图层的边缘向内进行过渡。

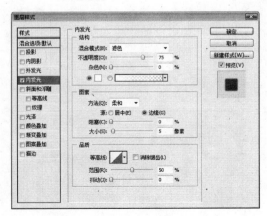

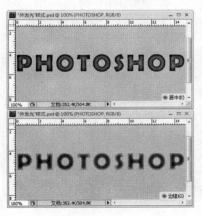

5. "斜面和浮雕"样式

知识讲解

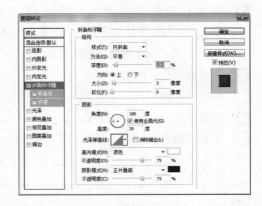

"斜面和浮雕"样式用于增加图像边缘的明暗程度，并增加高光使图层产生立体感。利用"斜面和浮雕"样式可以配合等高线来调整立体轮廓，还可以为图层添加纹理特效。

■ **"样式"下拉列表框：**用于设置立体效果的具体样式，有"外斜面"、"内斜面"、"浮雕效果"、"枕状浮雕"和"描边浮雕"5种样式。

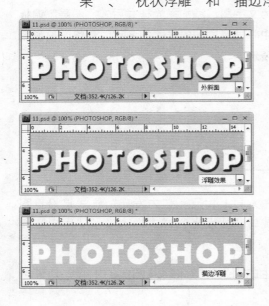

聪聪，浮雕效果可以产生一种凸出的效果，枕状浮雕可以产生一种凹陷的效果，平面浮雕可以产生一种平面浮雕效果。

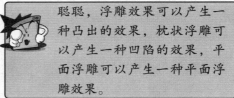

■ **"方法"下拉列表框：**用于设置立体效果边缘产生的方法，有"平滑"、"雕刻清晰"和"雕刻柔和"3种方法。

聪聪，"平滑"产生边缘平滑的浮雕效果；"雕刻清晰"产生边缘较硬的浮雕效果；"雕刻柔和"产生边缘较柔和的浮雕效果。

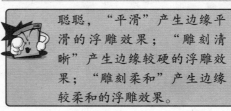

说明 外斜面产生向外倾斜的效果，而内斜面产生向内倾斜的效果。

- ■ **"深度"文本框**：用于设置立体感效果的强度，数值越大，立体感越强。
- ■ **"方向"单选项**：用于设置阴影和高光的分布。选择"上"单选项，表示高光区域在上，阴影区域在下；选择"下"单选项，表示高光区域在下，阴影区域在上。

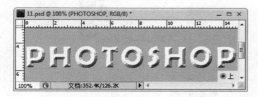 

- ■ **"大小"文本框**：用于设置图像中明暗分布，数值越大，高光越多。
- ■ **"软化"文本框**：用于设置图像阴影的模糊程度，数值越大，阴影越模糊。
- ■ **"等高线"复选框**：勾选该复选框，可以在其右侧的参数设置区域中设置等高线来控制立体效果。
- ■ **"纹理"复选框**：勾选该复选框，可以在其右侧的参数设置区域中设置纹理来填充图像。

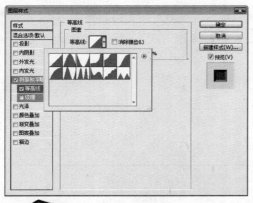 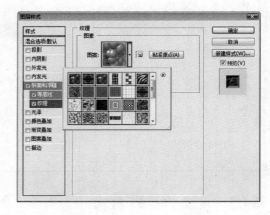

 互动练习

　　下面练习在文档窗口中输入文字，并为文字图层添加"斜面和浮雕"样式，使文字立体感更强烈。

第1步　输入文字

1. 依次选择"文件"→"打开"命令，打开素材图像"12.jpg"。

2. 单击工具调板中的"横排文字工具"按钮 T，在文档窗口中单击后输入文字"GOOD"。

"等高线"和"纹理"对应的参数设置只对"斜面和浮雕"图层样式有效。　**说明**

第2步　设置"斜面和浮雕"样式

1 依次选择"图层"→"图层样式"→"斜面和浮雕"命令，弹出"图层样式"对话框。

2 设置"深度"为"500%"。

3 设置"大小"为"10像素"。

4 设置"软化"为"5像素"。

5 设置"角度"为"120度"。

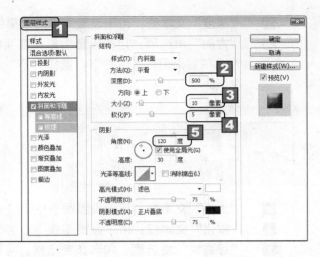

第3步　设置"等高线"样式

1 勾选"等高线"复选框。

2 单击"等高线"右侧的 ▾ 按钮，弹出等高线样式下拉列表框。

3 单击"锥形－反转"图标。

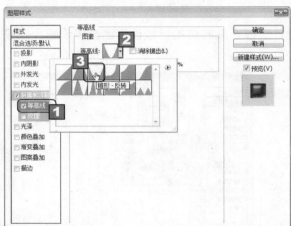

第4步　设置"纹理"样式

1 勾选"纹理"复选框。

2 单击"纹理"右侧的 ▾ 按钮，弹出纹理样式下拉列表框。

3 单击"纱布"图标。

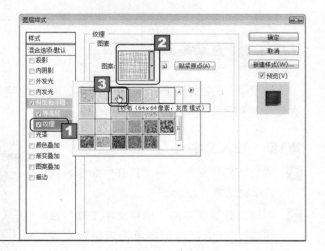

说明 为图层添加"斜面和浮雕"样式时，如果浮雕值太小，软化将不起作用。

第5步 设置"投影"样式

1 勾选"投影"复选框。

2 设置"角度"为"120度"。

3 设置"距离"为"10像素"。

4 设置"大小"为"10像素"。

5 单击"确定"按钮。

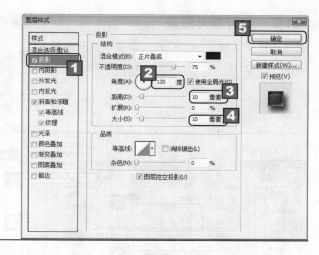

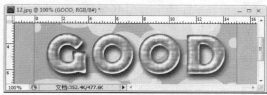

第6步 查看添加图层样式后的图像

为文字添加"斜面与浮雕"、"等高线"、"纹理"和"投影"样式后的效果如图所示。

6. "光泽"样式

 知识讲解 ▶

"光泽"样式用于在图像上填充颜色并在边缘部分产生柔滑的效果，用户可以根据需要通过调整等高线来控制颜色在图层表面产生的随机性。

 设置图层样式时需注意，图层样式只对图层中的图像起作用，并不对图层中的图像选区起作用，如果要对图层中的一部分图像应用图层样式，可以将图像选区复制到新的图层，再进行图层样式的添加。

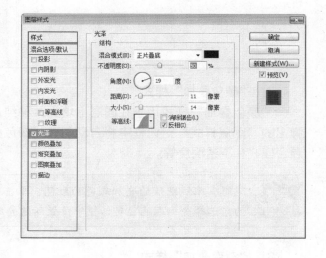

 互动练习 ▶

下面练习通过"光泽"样式为立体文字的表面添加红色的光泽。

新手训练营，学Photoshop CS4

第1步　打开素材图像

依次选择"文件"→"打开"命令，打开素材图像"13.psd"。

第2步　设置"光泽"样式

1 依次选择"图层"→"图层样式"→"光泽"命令，弹出"图层样式"对话框。

2 设置"不透明度"为"30%"，"角度"为"30度"。

3 设置"距离"为"40像素"，"大小"为"10像素"。

4 单击"等高线"右侧的·按钮，在等高线列表框中单击"环形 – 双"图标。

5 单击"确定"按钮。

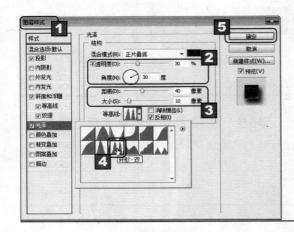

第3步　查看添加图层样式后的图像

为文字图层添加"光泽"样式后的效果如图所示。

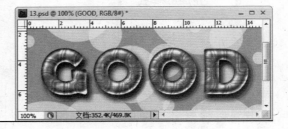

7．"颜色叠加"样式

"颜色叠加"样式用于在图层上填充某种纯色，选择"颜色叠加"样式命令后，在弹出的"图层样式"对话框中将自动勾选"颜色叠加"复选框，其参数设置包括颜色、混合模式和不透明度等。

聪聪，系统默认的叠加颜色为红色，单击"混合模式"右侧的色块，即可在弹出的"选择叠加颜色"对话框中设置新的叠加颜色。

8．"渐变叠加"样式

"渐变叠加"样式用于在图层上填充渐变颜色，选择"渐变叠加"样式命令后，在弹出的"图层样式"对话框中将自动勾选"渐变叠加"复选框，其参数设置包括渐变颜色、样式、角度和缩放等。

说明　"光泽"样式常常用于制作金属反光的效果。

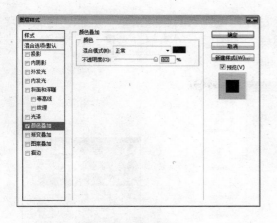 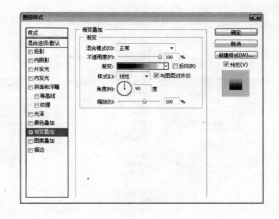

9. "图案叠加"样式

　　"图案叠加"样式用于在图层上填充图案，选择"图案叠加"样式命令后，在弹出的"图层样式"对话框中将自动勾选"图案叠加"复选框。"图案叠加"样式和使用"填充"命令填充图像类似，不同的是通过"图案叠加"样式叠加的图案并不破坏原图像。

10. "描边"样式

　　"描边"样式就是使用一种颜色沿着图层的边缘进行填充，选择"描边"样式命令后，在弹出的"图层样式"对话框中将自动勾选"描边"复选框。"描边"样式和使用"描边"命令沿图像边缘进行描边相同，可以设置描边的宽度、位置和颜色。

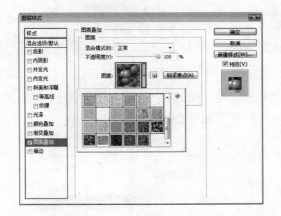 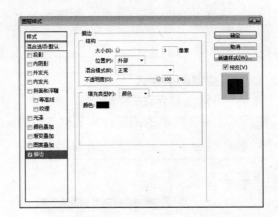

>> 9.2.3　编辑图层样式

　　在为图层添加了图层样式后，用户可以根据自己的需要有选择地对图层样式进行复制、隐藏、修改和清除等操作。

1. 复制图层样式

　　在Photoshop CS4中，一次只允许为一个图层添加图层样式，如果多个图层需应用相同的图层样式，可以先为一个图层添加图层样式，然后将该图层的图层样式复制到其他图层上即可。复制图层样式主要有以下两种方法。

■ 在添加有图层样式的图层上单击鼠标右键，在弹出的快捷菜单中选择"拷贝图层样式"命令，然后在需要粘贴图层样式的图层上单击鼠标右键，在弹出的快捷菜单中选择"粘贴图层样式"命令即可。

■ 将鼠标光标移动到图层中图层样式的 fx 标记上，按住"Alt"键的同时按住鼠标左键进行拖动，将图层样式拖动到其他图层上，然后释放鼠标即可。

2. 隐藏图层样式

在不需要显示图层样式时，用户可以将其隐藏。展开图层中所应用的图层样式名称，单击需要隐藏的图层样式名称前面的●按钮，即可隐藏该图层样式。

3. 修改图层样式

如果要修改已经添加的图层样式，只需在"图层"调板中双击要修改的图层样式名称，然后在弹出的"图层样式"对话框中重新设置参数即可。

说明 使用"拷贝图层样式"命令，可以快速将设置好的图层样式应用到其他图层上。

4. 清除图层样式

在"图层"调板中使用鼠标右键单击添加了图层样式的图层，在弹出的菜单中选择"清除图层样式"命令，即可清除该图层上的所有图层样式。

博士，如果不需要清除图层上的所有图层样式，只需清除图层上的某个图层样式，应该怎样进行操作呢？

清除图层上的某个样式时，只需在"图层"调板中单击需要清除的图层样式，然后按住鼠标左键将图层样式拖动到 🗑 按钮上，当鼠标光标呈 🖑 显示时，释放鼠标左键即可。

9.3　上机练习　 <<

本章上机练习一将通过为文字图层添加图层样式，制作出具有立体感的文字效果；练习二将通过设置图层的混合模式，改变图像素材中人物衣服的纹理。制作效果及制作提示如下。

练习一　制作立体文字

1 使用文字工具输入文字。
2 为文字图层添加"投影"样式。
3 为文字图层添加"内阴影"样式。
4 为文字图层添加"斜面和浮雕"样式。
5 为文字图层添加"描边"样式。

练习二　更换人物衣服

1 将素材图像"15.jpg"复制到"14.jpg"中。
2 绘制衣服之外的选区。
3 删除选区内的像素。
4 将复制图层的混合模式设置为"深色"。

第10章　文字的输入与编辑

- 输入点文字
- 输入段落文字
- 编辑文字
- 转换文字

博士，在平面设计作品中都有很漂亮的文字效果，使用Photoshop CS4进行设计时，该怎样输入文字呢？

聪聪，通过文字工具输入不就好了，这样的问题还用去麻烦博士吗？

在平面设计中，文字起着重要的作用。它不仅可以美化作品，还可以对设计的目的进行说明。输入文字很简单，文字和图像怎样结合才是我们要认真考虑的。

10.1 输入文字 ———————————————— <<

在平面设计中，文字被广泛地应用，其中文字不仅起着说明设计意图的作用，还起着美化版面和装饰作用。

>> 10.1.1 认识文字工具组

按住工具调板中的"横排文字工具"按钮 T 不放，即可显示其下拉列表工具组。选择相应的文字工具，在其对应的选项栏中设置文字的字体和字号等参数。然后在文档窗口中单击出现文字插入点，即可输入文字。最后单击选项栏中的 ✓ 按钮完成文字的输入。

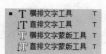

- T 横排文字工具 T
- ↓T 直排文字工具 T
- T 横排文字蒙版工具 T
- T 直排文字蒙版工具 T

 "横排文字工具" T 用于在图像中创建水平方向上的文字，"直排文字工具" ↓T 用于在图像中创建垂直方向上的文字，"横排文字蒙版工具" T 和"直排文字蒙版工具" T 用于在图像中创建文字形状的选区。

文字工具组中的4种文字输入工具所对应的选项栏是相同的，用于设置文字的属性，其中包括字体、样式、字号、颜色、外观和对齐方式等。

- ■ **"更改文本方向"按钮 T**：单击该按钮，可以在横排文字和直排文字之间进行切换，如果已经输入了文字，则可以将水平显示的文字转换成垂直方向显示。
- ■ **"字体"下拉列表框**：单击其右侧的 ▼ 按钮，即可在弹出的下拉列表中选择所需的字体。

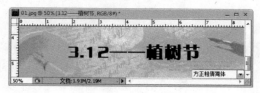
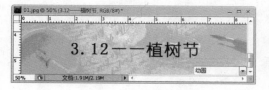

■ **"样式"下拉列表框**：用于设置字体形态，选择某些字体后，该下拉列表框才会被激活。

■ **"字号"下拉列表框**：单击其右侧的▼按钮，即可在弹出的下拉列表中选择所需的字号，也可以在文本框中直接输入数值来确定文字大小，输入的数值越大，文字就越大。

 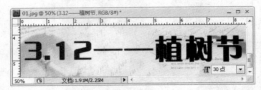

■ ：用于设置消除文字锯齿，一般情况下保持系统默认设置即可。
■ **对齐方式按钮**：用于设置文字的对齐方式，从左到右分别为"左对齐文本"、"居中对齐文本"和"右对齐文本"按钮。

> 聪聪，当使用"直排文字工具"输入文字时，3个按钮分别变为"顶端对齐文本"按钮、"居中对齐文本"按钮和"底端对齐文本"按钮。

■ **文本颜色**：用于设置文本的颜色，单击其右侧的色块，可以在弹出的"选择文本颜色"对话框中设置字体的颜色。
■ **"变形文本"按钮**：单击该按钮，即可在弹出的"变形文字"对话框中对文字进行变形操作。

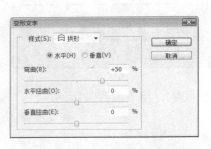 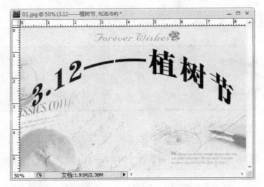

■ **"切换段落和字符面板"按钮**：单击该按钮，即可显示或隐藏"字符"和"段落"调板，主要用于设置文字和段落的格式。

>> 10.1.2　输入点文字

通过"横排文字工具"和"直排文字工具"可以快速输入呈水平或垂直显示的点文字。

技巧　按下"Shift+T"组合键即可在4个文字工具之间进行切换。

1. 输入横排点文字

 **知识讲解**

使用"横排文字工具" T 输入点文字的具体操作方法如下。

（1）单击工具调板中的"横排文字工具"按钮 T 。
（2）在选项栏中设置字体、字号、样式和对齐方式等参数。
（3）在文档窗口中单击，单击处出现闪烁的输入光标。
（4）输入文字。
（5）单击选项栏中的 ✓ 按钮。

 互动练习

下面练习使用"横排文字工具" T 制作一张简单的新年贺卡。

第1步　打开素材图像

依次选择"文件"→"打开"命令，打开素材
图像"02.psd"。

第2步　输入中文

1 单击"横排文字工具"按钮 T 。

2 设置"字体"为"方正粗倩简体"。

3 设置"字号"为"120点"。

4 设置"颜色"为"#ff9933"。

5 输入文字"贺"。

第3步　继续输入中文

1 在选项栏中设置"字号"为"100
点"。

2 继续输入文字"新春"。

3 单击选项栏中的 ✓ 按钮，完成文字的输
入。

点文字又被称为美术文字，如一个字、一行字或一列字。　**说明**

第4步 输入英文

1 单击"横排文字工具"按钮 **T**。

2 设置"字体"为"Magneto"。

3 设置"字号"为"40点"。

4 设置"颜色"为"#ff9933"。

5 输入文字"Happy New Year"。

第5步 添加图层样式

1 选择"贺新春"文字图层，然后依次选择"图层"→"图层样式"→"投影"命令，弹出"图层样式"对话框。

2 设置"不透明度"为"50%"。

3 设置"角度"为"150度"。

4 设置"距离"为"10像素"。

5 单击"确定"按钮。

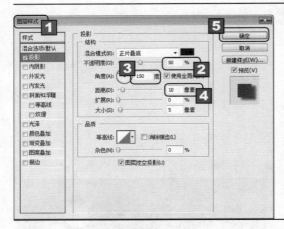

第6步 复制图层样式

1 在"贺新春"文字图层上单击鼠标右键，在弹出的快捷菜单中选择"拷贝图形样式"命令。

2 在"Happy New Year"文字图层上单击鼠标右键，在弹出的快捷菜单中选择"粘贴图层样式"命令。

第7步 查看制作完成的图像

新年贺卡制作完成后的最终效果如图所示，依次选择"文件"→"存储为"命令，将其存储为"贺年片.psd"。

技巧 输入文字后，单击选项栏中的"取消"按钮 ⊘，即可放弃输入。

2. 输入直排点文字

 知识讲解

使用"直排文字工具" IT 输入点文字的具体操作方法如下。

（1）单击工具调板中的"横排文字工具"按钮 IT 。
（2）在选项栏中设置字体、字号、样式和对齐方式等参数。
（3）在文档窗口中单击，单击处出现闪烁的输入光标。
（4）输入文字。
（5）单击选项栏中的 ✔ 按钮。

互动练习

下面我们练习使用"直排文字工具" IT 为书籍的封面添加文字。

第1步　设置文本参数

1 依次选择"文件"→"打开"命令，打开素材图像"03.jpg"。

2 单击工具调板中的"直排文字工具"按钮 IT ，在选项栏中设置"字体"为"方正粗倩简体"。

3 设置"字号"为"60点"。

4 设置颜色为"#000000"。

5 在文档窗口中单击进入文字输入状态。

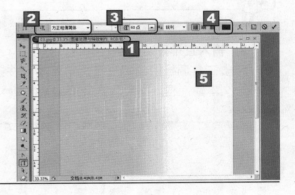

第2步　输入文字

1 输入文字"图像处理与特效制作"。

2 单击选项栏中的 ✔ 按钮，完成文字的输入。

>> 10.1.3　输入段落文字

如果输入的文字较多，可以通过创建段落文字的方式来输入，这样也便于对其段落格式进行设置。

1. 输入横排段落文字

单击工具调板中的"横排文字工具"按钮，在文档窗口中单击并按住鼠标左键拖出一个文本输入框，然后输入需要的文字即可。

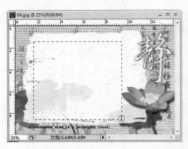 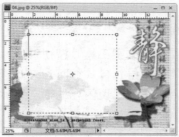 

 博士，如果输入了段落文本后，发现文本框的大小不合适，能不能对其进行调整呢？

 将鼠标光标移动到文本框的虚线边框上呈双向箭头显示时，拖动调整文本框的大小即可。

2. 输入直排段落文字

单击工具调板中的"直排文字工具"按钮，在文档窗口中单击并按住鼠标左键拖出一个文本输入框，然后输入需要的文本即可。

 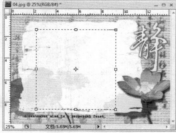 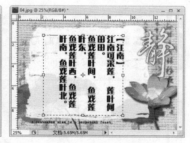

3. 在路径内部输入段落文字

所谓在路径内部输入文字就像使用"横排文字工具"或"直排文字工具"创建段落文本一样，首先绘制出一个封闭的路径，然后使用文字工具在路径内部的任意地方单击进入文字输入状态，最后输入文字即可。

说明 在图像中输入文字时，可以输入后再设置字体，也可以设置字体后再输入。

>> 10.1.4　创建文字选区

 **知识讲解**

　　使用文字工具组中的"横排文字蒙版工具" 和"直排文字蒙版工具" 在文档窗口中单击，在出现光标后输入文字，此时将以文字的图像范围作为基础来创建蒙版，完成输入后文字的蒙版范围将自动转换成选区。创建文字选区后，可像编辑普通选区一样对文字选区进行填充、变换和描边等操作。

互动练习

　　下面练习使用"横排文字蒙版工具" 创建文字选区，并对其进行填充和添加图层样式。

第1步　设置参数

1 依次选择"文件"→"打开"命令，打开素材图像"04.jpg"。

2 单击工具调板中的"横排文字蒙版工具"按钮 ，并在选项栏中设置字体为"经典粗圆简"。

3 设置字号为"100点"。

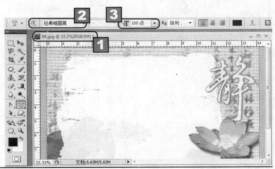

第2步　输入文字

1 在文档窗口中单击进入文字蒙版输入状态，然后输入文字"江南"。

2 单击选项栏中的 按钮，完成文字的输入。

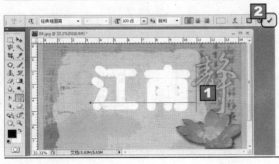

第3步　选区生成图层

按下"Ctrl+J"组合键，通过选区生成一个具有文字形状的新图层。

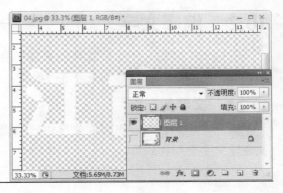

第4步　添加"斜面和浮雕"图层样式

1 依次选择"图层"→"图层样式"→"斜面和浮雕"命令，弹出显示斜面和浮雕参数设置区域的"图层样式"对话框。

2 设置"深度"为"200%"。

3 设置"大小"为"20像素"。

4 设置"角度"为"120度"。

5 设置"光泽等高线"为"环形 – 双"。

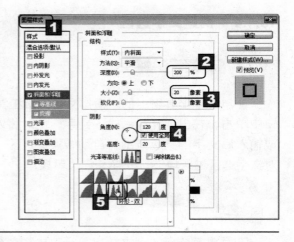

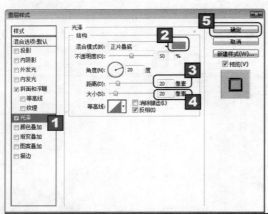

第5步　添加"光泽"图层样式

1 勾选"光泽"复选框。

2 设置颜色为"#24f11f"。

3 设置"距离"为"20像素"。

4 设置"大小"为"20像素"。

5 单击"确定"按钮。

第6步　查看文字效果

添加图层样式后的文字图层效果如右图所示。

10.2　编辑文字　──────────────── <<

　　在输入文字后，为了使文字能更加切合表达的主题，通常都需要对文字的字体、大小、颜色、间距以及对齐方式等进行设置。

>> 10.2.1　文字的选择

　　输入文字后，用户可以对文字进行编辑，主要包括设置字符属性、设置段落格式以及创建文字变形样式等。

技巧 按住"Ctrl"键，同时单击文字图层，可以快速载入文字所在的选区。

1.　通过文字工具选择文字

使用文字工具选择文字，首先文字必须处于输入状态，然后拖动鼠标光标，选择所需要的文字即可。

2.　通过"图层"调板选择文字

如果想要选择某个文字图层上的所有文字，只需在"图层"调板中双击该文字图层前的缩览图即可。

>> 10.2.2　设置字符属性

文字的字符属性包括文字的字体、字号、颜色、大小和间距等参数，这些可以在文字对应的选项栏中进行设置，也可以通过"字符"调板进行设置。单击文字选项栏中的 █ 按钮，或单击折叠在图标面板中的 █ 图标，即可打开"字符"或"段落"调板。

"字符"调板中字体、样式、字号和颜色与选项栏中的选项内容完全一致，这里就不再讲解，下面只讲解一下不同的内容。

> ■　█ (自动) █ ：用于设置文本行与行之间的距离，单击其右侧的█ 按钮，即可在弹出的下拉列表中选择相应的数值进行调整。

> ■　█ IT 100% ：用于设置文本在垂直方向上的缩放，即设置文本的高度。

■ T 100%：用于设置文本在水平方向上的缩放，即设置文本的宽度。

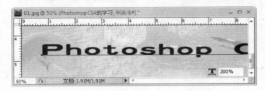 

■ あ 0%：用于设置当前所选文本中字符间的比例间隔距离，数值越大，间距越小。

■ AV 0：用于设置当前所选文本中字符间的间隔距离，数值越大，间距越大。

■ AV 0：用于设置鼠标光标左右两个字符的间距，数值越大，间距越大。

■ Aª 0点：用于设置文字向上或向下偏移的高度。

■ T T TT Tr T¹ T₁ T F：单击相应的按钮，可以为文字添加特效，其中包括仿粗体 T、仿斜体 T、全部大写字母 TT、小型大写字母 Tr、上标 T¹、下标 T₁、下画线 T、删除线 F 8种。

说明 选择文字后在其上单击鼠标右键，在弹出的快捷菜单中也可以设置一些字符属性。

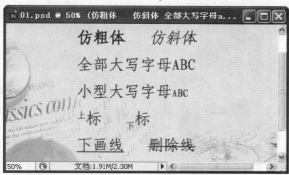

 互动练习

　　下面练习使用文字输入工具为广告宣传单添加文字，并使用"字符"调板对输入的文字进行调整。

第1步　输入文字

1 依次选择"文件"→"打开"命令，打开素材图像"05.jpg"。

2 单击工具调板中的"横排文字工具"按钮 **T**，设置"字体"为"宋体"。

3 设置"字号"为"36点"，颜色为"#ffffff"。

4 输入文字。

第2步　设置字符属性

1 选择文字"perfect"。

2 在"字符"调板中设置其字体为"Century Gothic"。

3 设置"字号"为"150点"。

4 设置垂直缩放为"150%"。

第3步　设置"p"字符属性

1 选择文字"p"。

2 在"字符"调板中设置"字号"为"200点"。

3 设置文本的基线偏移量为"50点"。

第4步　设置中文字符属性

1 选择文字"新古典主义风格"。

2 设置"字体"为"经典综艺体简"。

3 设置"字号"为"72点"。

4 设置基线偏移量为"130点"。

5 单击"仿粗体"按钮 **T**。

第5步　再次设置字符属性

1 选择文字"5月21日完美呈现 敬请关注！"。

2 设置"字体"为"微软雅黑"。

3 设置"字号"为"48点"。

4 设置基线偏移量为"150点"。

5 单击"仿粗体"按钮 **T**。

>> 10.2.3　设置段落格式

 知识讲解

设置段落格式包括设置文字的对齐方式、缩进方式和段前段后添加空格等。除了通过选项栏进行简单的设置外，还可以使用"段落"调板来进行一些高级的设置。

- ■ ▤▤▤▤▤：用于设置当前段落最后一行的对齐方式，从左到右分别是"最后一行左对齐"、"最后一行居中对齐"、"最后一行右对齐"和"全部对齐"按钮。

技巧 将光标置入某两个文字之间并按空格键，可以快速增加文字间距。

 ：用于设置鼠标光标所在段落的左缩进量。

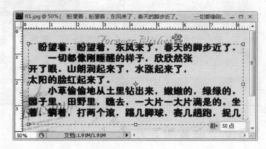 ：用于设置鼠标光标所在段落的右缩进量。

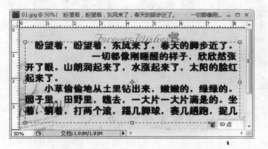 ：用于设置鼠标光标所在段落第一行的缩进量。

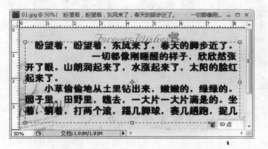 

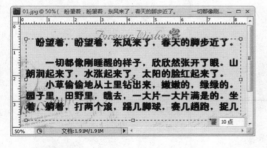 ：用于设置鼠标光标所在段落与前一段间的距离。

 ：用于设置鼠标光标所在段落与后一段间的距离。

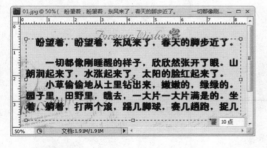 

 互动练习

下面练习使用"段落"调板对上一个案例中的文本进行段落属性的调整，从而完成广告宣传单的制作。

第1步　设置首行缩进

1 选择文字"perfect"。

2 在"段落"调板中设置"首行缩进"为"50点"。

第2步　设置左缩进

1 将鼠标光标插入"新古典主义风格"文字的段首。

2 设置"左缩进"为"70点"。

第3步　设置对齐方式

1 选择文字"5月21日完美呈现 敬请关注！"。

2 单击"最后一行居中对齐"按钮▣，使该段文字在文本框中居中对齐。

第4步　查看文字效果

将文字移动到合适的位置，设置文字的字符属性和段落属性后文字效果如图所示。

>> 10.2.4　制作变形文字

知识讲解

在Photoshop CS4中可以使用"变形文字"对话框将输入的文字制作成具有艺术性的效果，具体操作方法如下。

说明　如果设置第一行的缩进量为负值，其缩进效果与Word中的悬挂缩进相同。

（1）将鼠标光标移动到需要进行变形操作的文本中。

（2）单击选项栏中的"创建文字变形"按钮 ，弹出"变形文字"对话框。

（3）在"样式"下拉列表框中选择变形样式。

（4）设置文本变形的方向和扭曲程度。

（5）单击"确定"按钮。

- ■ **"水平"单选项**：选择该单选项，文字只能沿着水平方向进行扭曲。
- ■ **"垂直"单选项**：选择该单选项，文字只能沿着垂直方向进行扭曲。

互动练习

下面练习使用"横排文字工具" ⊤ 输入文字，然后对其进行变形扭曲。

第1步　输入文字

1 依次选择"文件"→"打开"命令，打开素材图像"06.jpg"。

2 单击工具调板中的"横排文字工具"按钮 ⊤，设置"字体"为"迷你简菱心"。

3 设置"字号"为"24点"。

4 设置颜色为"#ffffff"。

5 在文档窗口中单击并输入文字。

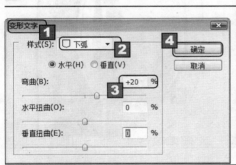

第2步　设置变形效果

1 在选项栏中单击"创建变形文字"按钮，弹出"变形文字"对话框。

2 设置变形样式为"下弧"。

3 设置"弯曲"为"+20%"。

4 单击"确定"按钮。

第3步　查看变形后的文字

为文字添加变形样式后，最终效果如图所示。

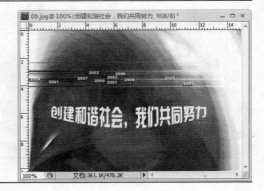

如果要取消变形，只需在"样式"下拉列表中选择"无"选项即可。 技巧

>> 10.2.5 沿路径输入文字

在平面设计中，有时候呈水平或垂直显示的文字根本不能满足设计的需要。为了解决这个难题，在Photoshop CS4中，可以很方便地创建沿路径排列文字的效果，这样用户就可以制作出文字任意流动的效果了。

1. 创建路径文字

创建路径文字的具体操作方法如下。

（1）绘制输入文字需要的路径。

（2）单击工具调板中的文字输入工具。

（3）在路径上单击，进入文字输入状态。

（4）输入需要的文字。

（5）单击选项栏中的☑按钮。

下面练习使用"直排文字工具"沿路径输入文字。

第1步 绘制路径

1 依次选择"文件"→"打开"命令，打开图像素材"08.jpg"。

2 单击工具调板中的"钢笔工具"按钮，绘制一条弧形的路径。

第2步 输入文字

1 单击工具调板中的"直排文字工具"按钮，设置"字体"为"Arial"，"字号"为"18点"。

2 设置颜色为"#73040b"。

3 在路径上单击鼠标左键，并输入文本"RED WINE"。

说明 单击文字工具按钮后，将鼠标移动到路径上，光标呈 I 显示。

第3步　为文字添加样式

在"样式"调板中单击"基本投影"样式图标，将该图标所对应的样式应用到文字图层上。

2. 编辑路径文字

在创建沿路径排列的文字后，用户还可以对路径文字进行调整。在路径文字上单击插入光标，按住"Ctrl"键当鼠标光标呈 显示时拖动文本，即可移动文本在路径上的位置。

 聪聪，单击工具调板中的"路径选择工具"按钮 ，然后在路径文字中按下鼠标左键并进行拖动也可以移动文字在路径上的位置。

在"路径"调板中选择文字路径，然后使用编辑路径的方法对路径形状进行修改后，文字将按新的路径形状进行排列。

10.3 转换文字 ———————————————————— <<

通过输入文字创建的文字图层是一种特殊的图层，系统自带的部分命令和滤镜对其不起作用，因此用户可以将文字图层转换为普通图层、路径或形状，以满足设计的需要，从而制作出丰富的文字效果。

>> 10.3.1 栅格化文字

通过栅格化命令将文字转换为普通图层后可以像编辑普通图层一样，对文字进行色彩调整和添加滤镜等操作，使文字效果更加丰富。栅格化文字首先要选择文字图层，然后依次选择"图层"→"栅格化"→"文字"命令即可。

聪聪，栅格化文字后，图层中的文字将不再具有文字属性，也就不能对文字进行字符和段落属性的设置了。

>> 10.3.2 将文字转换成路径

用户将文字转换成路径后，"路径"调板中将自动创建一个工作路径，这样就可以使用各种各样的笔触对文字进行描边操作了。将文字转换成路径首先需要选择文字图层，然后依次选择"图层"→"文字"→"创建工作路径"命令即可。文字转换成路径后，仍然保持文字图层的属性。

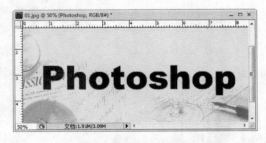 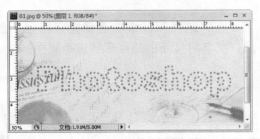

>> 10.3.3 将文字转换成形状

将文字转换成形状后，可以创建形状图层，此时文字具有矢量图形的编辑功能，用户可以使用"直接选择工具" 像编辑矢量形状一样，对文字形状进行编辑。选择文字图层后依次选择"图层"→"文字"→"转换为形状"命令，即可以文字的外形为基础将文字转换成形状。

说明 只有对文字图层进行栅格化操作后，才能为其添加滤镜。

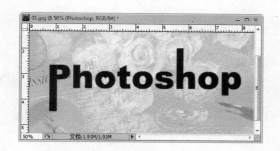

10.4　上机练习　————————————————— <<

　　本章上机练习一将使用文字变形工具和自定义形状工具制作一个企业标志；练习二将利用"横排文字蒙版工具"制作带有花纹的文字。制作效果及制作提示如下。

练习一　制作标志

1 使用自定义形状工具绘制标志。

2 使用"直排文字工具"输入标志上的文字。

3 为文字添加"挤压"变形样式。

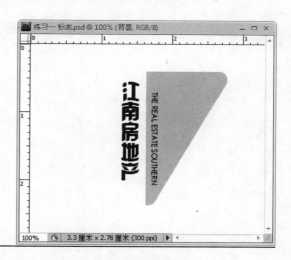

练习二　创建带花纹的文字

1 将素材图像"09.jpg"复制到"10.jpg"中。

2 使用"横排文字蒙版工具"创建文字选区，然后删除选区外的图像。

3 为文字图像添加投影样式。

将文字转换成形状后，可以使用"直接选择工具"对其进行编辑，制作出许多文字变形效果。　**技巧**　207

第11章　通道与蒙版

- ■ 创建通道
- ■ 编辑通道
- ■ 创建蒙版
- ■ 管理图层蒙版

博士，我经常听到平面设计人员讨论通道和蒙版，我对它们是一无所知，您能给我详细讲讲吗？

聪聪，通道是图像颜色信息的存放地，可以利用通道来存储选区，至于蒙版嘛，我也不是很清楚！

小机灵对通道的理解是正确的，每幅图像都存在通道，用户可以对每个通道进行明暗度和对比度的调整，从而制作出特殊的效果。蒙版是一种专用的选区处理工具，可以在进行图像处理时屏蔽和保护图像的部分区域不受编辑影响。

11.1　通道的创建和编辑　　　　　　　　　　　　　　　　　<<

当打开或者新建一个图像文件时，在"通道"调板中会自动为图像创建对应的颜色通道，图像颜色模式不同，通道数量也就不同。

系统默认在"通道"调板中选择所有通道，这样图像在文档窗口中将显示所有的颜色信息。如果想查看某个通道所对应的颜色信息，只需在"通道"调板中选择某个通道即可。

>> 11.1.1　创建通道

在Photoshop CS4中，通道可以分为颜色通道、选区通道和专色通道三种。颜色通道是在打开或新建图像文件后自动创建的，而选区通道和专色通道需要用户手动创建，本节将对选区通道和专色通道的创建做详细介绍。

1. 创建选区通道

选区通道又被称为普通通道，用于保存选区的信息，在"通道"调板中白色区域表示被选择的区域，黑色区域表示未被选择的区域。单击"通道"调板底部的"创建新通道"按钮 ，即可创建没有选区信息的空白通道。

系统为创建后的通道自动指定名称，依次为"Alpha 1"、"Alpha 2"、"Alpha 3"等，用户可以根据自己的需要对通道进行重命名，方法与图层重命名的方法一样，但系统禁止为颜色通道重命名。

2. 创建专色通道

专色通道用一种特殊的混合油墨代替或附加到图像的油墨中，打印图像时，该通道可以被单独打印出来。每个专色通道只可以存储一种专色信息，而且是以灰度形式来存储的。单击"通道"调板右上角的 ▇ 按钮，在弹出的快捷菜单中选择"新建专色通道"命令，在弹出的"新建专色通道"对话框中直接单击"确定"按钮即可。

>> 11.1.2　编辑通道

创建完通道后，可以对通道进行编辑。通过编辑颜色通道可以改变图像的色调，还可以通过编辑选区通道制作出许多梦幻的效果。

1. 编辑颜色通道

颜色通道用于保存图像的颜色信息，如果改变了通道中的颜色信息，图像的颜色也会相应地发生改变。用户可以使用绘图工具、修饰工具、色调命令和滤镜等对颜色通道进行编辑。

下面练习使用"亮度/对比度"命令调整图像的红色通道，从而使图像的红色调增加。

第1步　选择通道

1 依次选择"文件"→"打开"命令，打开素材图像"03.jpg"。

2 在"通道"调板中选择"红"通道。

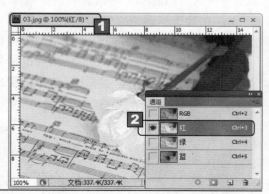

说明　单击通道缩览图前面的 ● 图标，可以隐藏或者显示通道。

第2步 调整图像的亮度/对比度

1 依次选择"图像"→"调整"→"亮度/对比度"命令,弹出"亮度/对比度"对话框。

2 向右拖动"亮度"滑块至"50"或在文本框中直接输入"50"。

3 向左拖动"对比度"滑块至"–50"或在文本框中直接输入"–50"。

4 单击"确定"按钮。

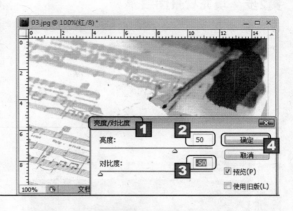

第3步 查看修改后的图像

单击"通道"调板中的RGB通道,将所有的颜色信息显示在文档窗口中,可以看到图像中红色调增加了。

2. 编辑选区通道

 知识讲解

在平面设计中,用户可以通过绘图工具、渐变工具、滤镜效果和颜色调整命令等对选区通道进行编辑,以得到满意的效果。

 互动练习

下面练习编辑选区通道,为人物图像打造梦幻的色彩效果。

第1步 新建图像文件

1 依次选择"文件"→"新建"命令,弹出"新建"对话框。

2 设置宽度和高度分别为"600像素"和"424像素",分辨率为"72像素/英寸"。

3 单击"确定"按钮。

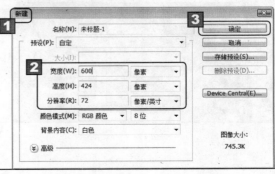

由于选区通道用于存储选区的信息,所有部分色彩和色调命令不能对其进行操作。 **说明**

第2步　填充背景图层

设置前景色为"#d78f76",然后按下"Alt+Delete"组合键对背景图层进行填充。

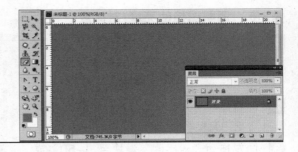

第3步　渐变填充图层

1 单击"图层"调板上的"新建图层"按钮 ，新建"图层1"。

2 单击工具调板中的"渐变工具"按钮,设置渐变样式为"透明彩虹渐变"。

3 在文档窗口中按住鼠标左键,由左上角向右下角拖动进行渐变填充。

第4步　应用"高斯模糊"滤镜

1 依次选择"滤镜"→"模糊"→"高斯模糊"命令,弹出"高斯模糊"对话框。

2 在"半径"文本框中输入数值"250.0"。

3 单击"确定"按钮。

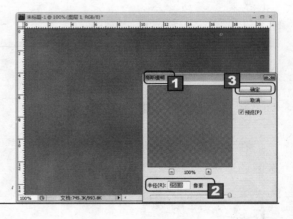

第5步　为图层添加蒙版

1 单击"图层"调板中的"添加蒙版"按钮 ,为"图层1"添加蒙版。

2 使用工具调板中的"画笔工具"对蒙版进行涂抹。

说明 滤镜功能和作用将在第12章中做详细介绍。

第6步　合成图像

1 依次选择"文件"→"打开"命令，打开素材图像"04.jpg"。

2 使用工具调板中的"移动工具"，将图像拖动到文档窗口中。

3 调整图层顺序，将人物图层置于背景图层上。

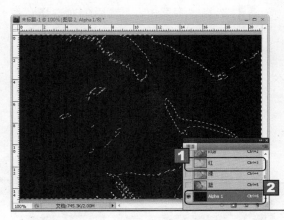

第7步　新建选区通道

1 按住"Ctrl"键，并单击"通道"调板中的"红"通道。

2 单击"通道"调板中的"创建新通道"按钮，新建通道"Alpha 1"。

第8步　填充选区通道

1 设置背景色为"#ffffff"，然后按下"Ctrl+Delete"组合键填充选区通道。

2 使用工具调板中的"橡皮擦工具"，将人物灰色背景擦除。

为了便于区分，可以将"Alpha 1"通道进行重命名。　说明

第9步 再次填充选区

1 按住"Ctrl"键,并单击"Alpha 1"通道载入选区,然后按下"Shift+Ctrl+I"组合键,反向选择选区。

2 返回"图层"调板,单击"新建图层"按钮,新建"图层3"。

3 设置背景色为"#000000",然后按下"Ctrl+Delete"组合键填充选区通道。

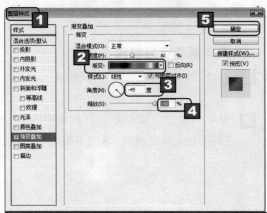

第10步 添加图层样式

1 选择"图层3",然后依次选择"图层"→"图层样式"→"渐变叠加"命令,弹出"图层样式"对话框。

2 设置渐变样式为"色谱"。

3 设置"角度"为"-45度"。

4 设置"缩放"为"150%"。

5 单击"确定"按钮。

第11步 查看图像

使用选区通道为人物打造的梦幻色彩效果如图所示。

查看图像效果时,需要将"图层2"隐藏。

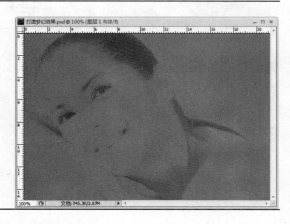

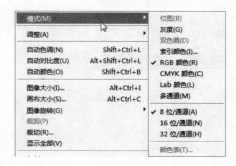

3. 通道的转换

通道的转换是指改变颜色通道中的颜色信息,颜色信息和图像的颜色模式相关,所以只需改变图像的颜色模式即可。依次选择"图像"→"模式"命令,然后在弹出的子菜单中选择颜色模式即可。

说明 图像的模式不同,通道的数量也不同。

>> 11.1.3 复制和删除通道

1. 复制通道

不管是颜色通道还是选区通道，都是可以被复制的。复制通道的方法和复制图层的方法完全一样，只需拖动要复制的通道到"通道"调板底部的"创建新通道"按钮 上，然后释放鼠标即可。

2. 删除通道

删除通道和删除图层的方法完全一样。需要注意的是，位于"通道"调板顶部的颜色通道不能被删除。

>> 11.1.4 分离和合并通道

 知识讲解

为了便于编辑图像，有时需要将一个图像文件的各个通道分开，使其成为拥有独立文档窗口和通道面板的文件，用户可以根据需要对各个通道文件进行编辑，编辑完成后，再将通道文件合成到一个图像文件中，这即是通道的分离和合并。

 当图像文件没有合并图层时，不能进行分离通道操作。而如果没有打开所有分离出的图像文件，合并后的图像文件将不是原颜色模式。

 互动练习

下面练习对一个RGB颜色模式的图像文件进行分离，然后对分离后其中的一个通道对应的图像文件进行编辑，最后再对分离的图像进行重新合并。

要进行通道分离和合并操作，图像至少应该包括两个通道。 说明 215

第1步　打开素材图像

1 依次选择"文件"→"打开"命令，打开素材图像"05.jpg"。

2 在"通道"调板中观察通道的组成。

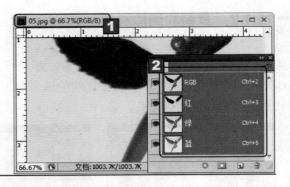

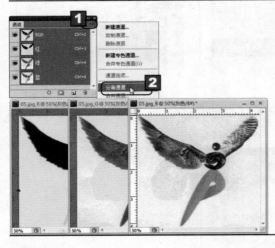

第2步　分离通道

1 单击"通道"调板右上角的 ■ 按钮。

2 在弹出的快捷菜单中选择"分离通道"命令，系统将根据通道的数量自动创建3个颜色模式为灰度的新文档窗口。

第3步　绘制文字蒙版

1 单击工具调板中的"横排文字蒙版工具"按钮 T。

2 在"蓝"通道所对应的文档窗口中创建文字选区"飞翔"。

3 设置前景色为"#0072ff"，并按下"Alt+Delete"组合键进行填充。

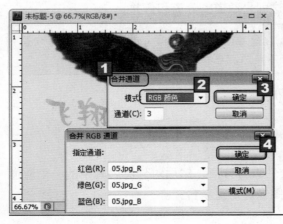

第4步　合并通道

1 单击"通道"调板右上角的 ■ 按钮，在弹出的快捷菜单中选择"合并通道"命令，弹出"合并通道"对话框。

2 设置模式为"RGB颜色"。

3 单击"确定"按钮

4 在弹出的"合并RGB通道"对话框中单击"确定"按钮。

技巧　绘制选区后，单击"通道"调板底部的 按钮，可以快速将选区存储为通道。

>> 11.1.5 通道的存储和载入

通道的存储是只将选区存储为通道，使选区通道具有选区信息，方便用户随时载入通道中存储的信息。

1. 将选区作为通道存储

在文档窗口中创建选区后，依次选择"选择"→"存储选区"命令，在弹出的"存储选区"对话框中为选区存储的通道命名，然后单击"确定"按钮即可。

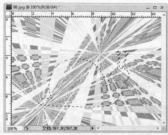  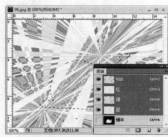

2. 载入通道中的选区

依次选择"选择"→"载入选区"命令，在弹出的"载入选区"对话框的"通道"下拉列表框中选择要载入的选区名称，然后单击"确定"按钮即可。

>> 11.1.6 通道运算

知识讲解

利用通道运算功能可以将一个图像或多个图像中两个独立的通道进行各种模式的混合，并将计算后的结果保存到一个新的图像或者新的通道中，也可以直接将计算的结果转换成选区，便于在以后进行图像处理时直接使用。

通道运算是在"计算"对话框中完成的，打开两幅分辨率和尺寸相同的图像，然后依次选择"图像"→"计算"命令，即可弹出"计算"对话框。

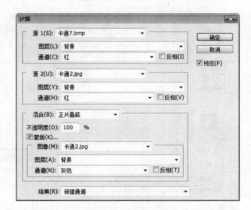

- ■ **"源1"和"源2"下拉列表框：**可以分别在这两个下拉列表框中选择当前所打开的源文件。
- ■ **"图层"下拉列表框：**单击其右侧的■按钮，在弹出的下拉列表中可以选择要使用源文件的图层。
- ■ **"通道"下拉列表框：**单击其右侧的■按钮，在弹出的下拉列表中可以选择相应的通道。

- ■ **"混合"下拉列表框**：单击其右侧的▾按钮，在弹出的下拉列表中可以选择选区合成模式进行计算。
- ■ **"不透明度"文本框**：用于设置混合时图像的不透明度。
- ■ **"蒙版"复选框**：勾选该复选框，"计算"对话框中将出现蒙版选项设置，在其中可以选择蒙版文件、图层和通道。
- ■ **"结果"下拉列表框**：单击其右侧的▾按钮，即可在弹出的下拉列表中选择运算后通道的显示方式。

 互动练习

下面练习使用"计算"命令，对两幅尺寸和分辨率相同的图像文件进行通道运算。

第1步　打开素材图像

1 依次选择"文件"→"打开"命令，打开素材图像"13.jpg"。

2 打开素材图像"14.jpg"。

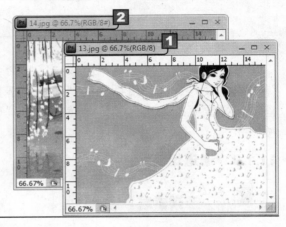

读者可以选择不同的通道进行运算，看看效果有什么不同。

第2步　进行通道运算

1 依次选择"图像"→"计算"命令，弹出"计算"对话框。

2 在"源1"下拉列表中选择"13.jpg"图像，在其下的"图层"下拉列表中选择"背景"选项，在"通道"下拉列表中选择"红"选项。

3 在"源2"下拉列表中选择"14.jpg"图像，在其下的"图层"下拉列表中选择"背景"选项，在"通道"下拉列表中选择"红"选项。

4 设置"混合"模式为"线性光"。

5 单击"确定"按钮。

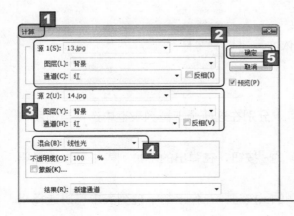

说明 "计算"命令首先在两个通道的相应像素上执行数学运算，然后在单个通道中组合运算结果。

第3步 查看运算后的图像

进行通道运算后得到的图像效果如图所示。

利用这种方法可以很方便地将两幅图像合并到一幅图像中，而且同时可以设置不同的效果，真不错！

11.2 蒙版的创建与编辑 ——————— <<

在使用Photoshop CS4编辑图像时，常常需要保护一部分图像，使它们不受各种操作的影响，蒙版就是这样的一种工具。蒙版就像一张布，可以遮盖住处理图像中的一部分，当用户对处理区域内的整个图像进行模糊、上色等操作时，被蒙版遮盖的部分就不会受到影响。因此可以这样说，蒙版是一种特殊的选区，只是它比选区增加了隐藏图像的功能而已。

>> 11.2.1 初识"蒙版"调板

"蒙版"调板为Photoshop CS4的新增功能之一，在"蒙版"调板中可以快速创建基于位图和矢量图的可编辑的蒙版，并在调板中快速调整蒙版浓度、羽化程度以及选择不连续的对象等。

>> 11.2.2 创建蒙版

在Photoshop CS4中，用户可以创建剪贴蒙版、矢量蒙版、快速蒙版和图层蒙版，下面将分别对其进行介绍。

1. 创建剪贴蒙版

知识讲解

剪贴蒙版是由图层转换而来的，即使用图层中的内容来蒙盖它的上一个图层。创建剪贴蒙版的具体操作方法如下。

（1）选择要转换成剪贴蒙版的图层。

（2）依次选择"图层"→"创建剪贴蒙版"命令。

互动练习

下面练习使用创建剪贴蒙版的方法改变图像文件中的文字图层的局部显示效果。

依次选择"图层"→"释放剪贴蒙版"命令，可以取消创建的剪贴蒙版。 说明

第1步　创建文字图层

1 依次选择"文件"→"打开"命令，打开素材图像"07.jpg"。

2 在文档窗口的底部输入文字"EYE SHADOW"。

第2步　复制创建新图层

打开素材图像"08.jpg"，使用"移动工具"将其拖动到"07.jpg"文档窗口中，系统将自动生成"图层1"。

第3步　将"图层1"转化为剪贴蒙版

依次选择"图层"→"创建剪贴蒙版"命令，将"图层1"转换成剪贴蒙版。

聪聪，使用"移动工具"可以任意移动剪贴蒙版，从而改变图像的显示区域。

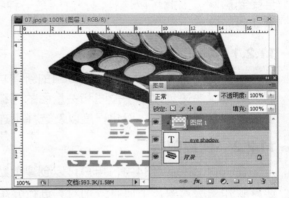

2. 创建矢量蒙版

 知识讲解

矢量蒙版与剪贴蒙版一样，用于显示某个图层的部分区域。与剪贴蒙版不同的是矢量蒙版是通过路径来进行辅助过滤的。创建矢量蒙版的具体操作方法如下。

（1）绘制路径。

（2）依次选择"图层"→"矢量蒙版"→"当前路径"命令。

 互动练习

下面练习创建矢量蒙版改变图像局部的显示效果。

技巧 按下"Ctrl+Enter"组合键，可以快速将路径转换成选区。

第1步 绘制选区

1 依次选择"文件"→"打开"命令，打开素材图像"15.jpg"。

2 使用"魔棒工具"创建文字选区。

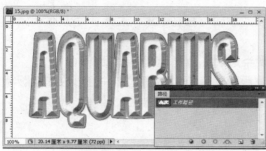

第2步 将选区转换成路径

单击"路径"调板底部的"从选区生成工作路径"按钮 ，将选区转换成路径。

第3步 复制创建新图层

打开素材图像"06.jpg"，使用移动工具将其拖动到"15.jpg"文档窗口中。

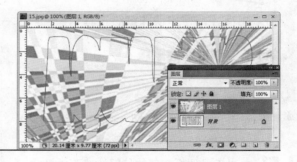

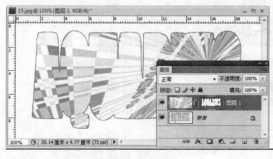

第4步 创建矢量蒙版

依次选择"图层"→"矢量蒙版"→"当前路径"命令，将"图层1"转换为矢量蒙版。

第5步 设置图层混合模式

设置"图层1"的混合模式为"线性加深"，最终效果如图所示。

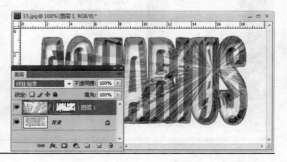

使用蒙版工具可以抠取比较复杂的图像，如人物的头发等。 **技巧**

3. 创建快速蒙版

 知识讲解

　　使用快速蒙版可以将选区转换为临时蒙版以方便编辑，在文档窗口中它将作为带有可调整的不透明度的颜色叠加出现，在Photoshop CS4中用户可以使用任何工具编辑快速蒙版。创建快速蒙版的具体方法如下。

　　（1）打开需要绘制选区的图像文件。
　　（2）单击工具调板底部的"以快速蒙版模式编辑"按钮 ⬚ ，进入快速蒙版编辑状态。
　　（3）使用工具编辑快速蒙版，蒙版中出现半透明红色显示区域。
　　（4）再次单击工具调板底部的"以快速蒙版模式编辑"按钮 ⬚ ，退出快速蒙版状态，此时文档窗口将显示通过快速蒙版编辑后得到的选区。

互动练习

　　下面练习使用快速蒙版工具为照片制作一个简易的相框。

第1步　创建快速蒙版

1 依次选择"文件"→"打开"命令，打开素材图像"09.jpg"。

2 单击"椭圆选框工具"按钮 ⬚ ，在文档窗口中绘制一个椭圆选区。

3 单击工具调板底部的"以快速蒙版模式编辑"按钮 ⬚ 进入蒙版编辑状态。

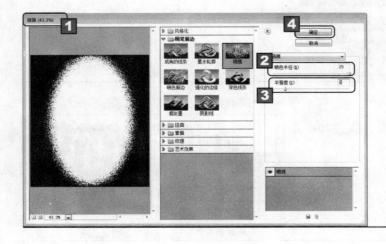

第2步　编辑快速蒙版

1 依次选择"滤镜"→"画笔描边"→"喷溅"命令，弹出"喷溅"对话框。

2 设置"喷溅半径"为"25"。

3 设置"平滑度"为"3"。

4 单击"确定"按钮。

技巧　按下"Q"键可以快速创建快速蒙版，再次按下"Q"键可以退出快速蒙版。

第3步　退出快速蒙版

再次单击工具调板底部的"以快速蒙版模式编辑"按钮 ，退出快速蒙版。

聪聪，如果在涂抹过程中红色区域超出了，可以使用"橡皮擦工具"进行擦除。

第4步　填充选区

1 依次选择"选择"→"反向"命令，使选区反向选择。

2 设置前景色为"#9d6065"，按下"Ctrl+Delete"组合键填充选区，最终效果如图所示。

4．创建图层蒙版

知识讲解

使用图层蒙版可以通过改变不同区域中的黑白程度来控制图像所对应区域的显示或隐藏，从而使当前区域下的图层产生特殊的混合效果。如果在图层蒙版缩览图中显示为白色，表示当前图层中对应的图像完全显示；如果为黑色，表示完全隐藏；如果为灰色，则表示部分图像呈半透明显示。

- ▣ **图层缩览图**：用于显示当前图层中图像的完全显示效果。
- ▣ **图层蒙版缩览图**：用于显示图层蒙版的黑白填充效果。

创建图层蒙版的具体操作方法如下。

单击"图层"调板底部的 按钮，可以快速为当前图层创建图层蒙版。

（1）选择需要创建图层蒙版的图层。

（2）依次选择"图层"→"图层蒙版"命令，在弹出的子菜单中选择相应的命令即可。

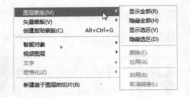

聪聪，需要注意的是，不能为背景图层创建图层蒙版。

 互动练习

下面练习通过创建图层蒙版融合两幅画像，打造嘴唇干裂的效果。

第1步　打开图像素材

1 依次选择"文件"→"打开"命令，打开素材图像"11.jpg"。

2 重复以上命令，打开图像素材"12.jpg"。

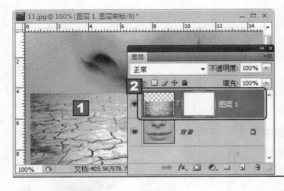

第2步　创建图层蒙版

1 使用移动工具将素材图像"12.jpg"移动到"11.jpg"中。

2 单击"图层"调板底部的"添加图层蒙版"按钮 ，创建一个图层蒙版。

第3步　渐变图层蒙版

1 按下"D"键，复位前景色和背景色。

2 选择"渐变工具"，在文档窗口中创建多条较短的渐变线。

3 单击混合模式右侧的 按钮，在弹出的下拉列表中选择"叠加"选项。

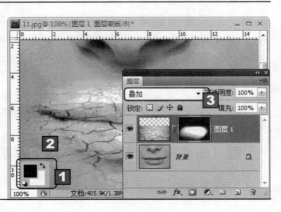

技巧 按住"Alt"键单击图层蒙版缩览图，可以在文档窗口中查看图层蒙版的编辑状态。

第4步 查看图像

渐变工具将使用黑色到白色的渐变填充图层蒙版，白色区域显示"图层1"中的图像，黑色区域显示"背景"图层中的图像，最终效果如图所示。

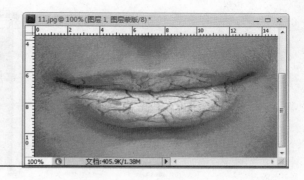

>> 11.2.3 管理图层蒙版

图层蒙版的管理主要包括编辑图层蒙版、移动图层蒙版、停用/启用图层蒙版、应用图层蒙版和删除图层蒙版等。

1. 编辑图层蒙版

编辑图层蒙版是指根据需要隐藏或显示图像，使用适当的工具来调整图层蒙版中黑色区域和白色区域。编辑图层蒙版可以使用绘制工具、修饰工具、滤镜和色彩/色调调整工具等。上一节的案例中就采用了渐变工具来编辑图层蒙版。

2. 移动图层蒙版

默认情况下，图层与图层蒙版之间保持链接状态，在图层缩览图和图层蒙版缩览图之间会显示一个链接按钮⑧，此时使用"移动工具"对图层进行移动时，图层蒙版也会随之移动。

如果只需移动图层或图层蒙版中的图像，应首先单击链接按钮⑧解除链接，然后单击图层缩览图或图层蒙版缩览图，最后使用"移动工具"拖动图层或图层蒙版即可。

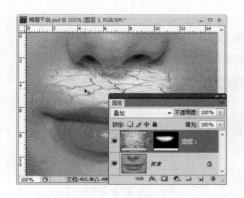
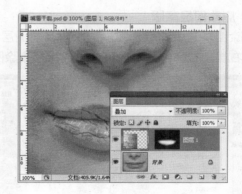

3. 停用和启用图层蒙版

按住"Shift"键的同时单击图层蒙版缩览图，可以暂时停用图层蒙版，此时图层蒙版中会出现一个红色的"×"，再次单击即可重新启用图层蒙版。在图层蒙版缩览图上单击鼠标右键，在弹出的快捷菜单中选择"停用图层蒙版"命令，也可以快速暂停使用图层蒙版。

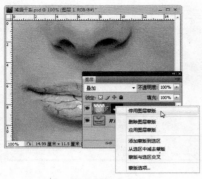

4. 应用图层蒙版

应用图层蒙版是指删除图层蒙版中与黑色区域对应的图像，保留白色区域对应的图像，灰色区域对应的图像部分像素被删除。应用图层蒙版只需在图层蒙版上单击鼠标右键，在弹出的快捷菜单中选择"应用图层蒙版"命令即可。

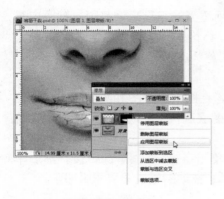
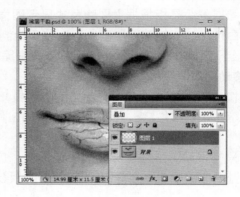

5. 删除图层蒙版

删除图层蒙版即取消图层蒙版对当前图层的屏蔽作用。只需在图层蒙版缩览图上单击鼠标右键，在弹出的快捷菜单中选择"删除图层蒙版"命令即可。

11.3 上机练习

本章上机练习一使用创建矢量蒙版命令嫁接水果，将西瓜和橘子巧妙地融合在一起；练习二将使用创建图层蒙版命令，合成具有梦幻色彩的婚纱照效果。制作效果及制作提示如下。

练习一　嫁接水果

1　打开素材图像"16.jpg"。

2　使用"磁性套索工具"绘制出选区，然后将选区转换成路径。

3　将素材图像"17.jpg"复制到"16.jpg"文档窗口中。

4　依次选择"图层"→"矢量蒙版"→"当前路径"命令即可。

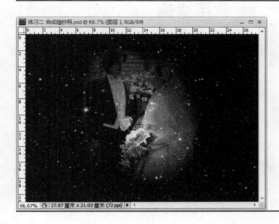

练习二　合成婚纱照

1　打开素材图像"18.jpg"和"19.jpg"，然后将"18.jpg"复制到"19.jpg"文档窗口中。

2　为复制的图层添加图层蒙版，并使用"渐变工具"隐藏其边缘。

3　设置复制图层的混合模式为"明度"。

在绘制选区时，可以将选区进行羽化操作，使得融合更加自然。　说明　227

第12章　滤镜的应用

- ■ 常用滤镜
- ■ 特殊功能滤镜
- ■ 滤镜库

博士，我想给一幅图像添加金属效果，可是制作完成后我总觉得不是很逼真，应该怎么办呢？

聪聪，你不知道滤镜吗？使用滤镜可以制作出逼真的金属效果，至于具体操作方法我就不知道了。

是的，通过滤镜可以方便快速地制作出许多神奇的特效，如金属效果、水波效果和玻璃效果等。每个滤镜都有自己的参数控制面板，用户只需对参数进行调整即可。下面我们就一起来学习滤镜的应用吧！

12.1　常用滤镜 ———————————————— <<

　　Photoshop CS4中内置了许多滤镜，全部位于"滤镜"菜单下，其作用范围只能是当前正在编辑的图层或选区，如果没有选区，系统默认对整个图层进行编辑。

>> 12.1.1　风格化滤镜

　　通过风格化滤镜可以使图像产生不同风格化的艺术效果。依次选择"滤镜"→"风格化"命令，在展开的子菜单中即可查看或者应用该滤镜组中所包含的9种滤镜效果。

1.　查找边缘

　　依次选择"滤镜"→"风格化"→"查找边缘"命令，可以自动识别图像的边缘并勾画出图像边缘的轮廓线。

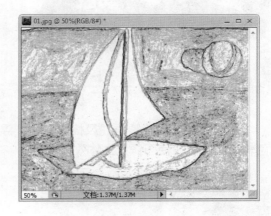

2.　等高线

　　依次选择"滤镜"→"风格化"→"等高线"命令，可以自动识别图像高光区域和阴暗区域的边界，然后使用细线进行描绘，使图像产生等高线的效果。

　　■　"色阶"文本框：用于设置区分图像边缘的亮度。

风格化滤镜通过查找并增加图像的对比度，使图像生成绘画或印象派的效果。　说明

■ **"边缘"栏**：选择"较低"单选项，可以绘制较暗的区域；选择"较高"单选项，可以绘制较亮的区域。

3. 风

依次选择"滤镜"→"风格化"→"风"命令，可以在图像中产生风吹的效果。

 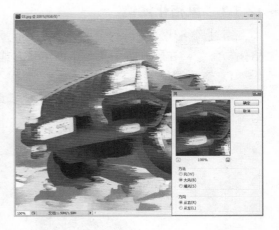

4. 浮雕效果

依次选择"滤镜"→"风格化"→"浮雕效果"命令，可以使图像边缘突出并将底色转换成灰色，使图像呈立体效果显示。

 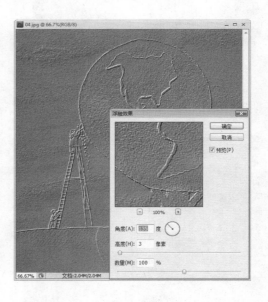

5. 扩散

依次选择"滤镜"→"风格化"→"扩散"命令，可以分散图像边缘的像素，使其呈现磨砂的效果。

说明 "风"滤镜的实质是在图像中放置细小的水平线条来获得风吹的效果。

- ■ **"正常"单选项**：选择该单选项，可以通过像素点的随机移动实现图像的扩散效果，而图像的亮度不变。
- ■ **"变暗优先"单选项**：选择该单选项，将用较暗的像素替换较亮区域的像素。
- ■ **"变亮优先"单选项**：选择该单选项，将用较亮的像素替换阴暗区域的像素。
- ■ **"各向异性"单选项**：选择该单选项，将使用图案中较暗和较亮的像素产生扩散效果。

6. 拼贴

依次选择"滤镜"→"风格化"→"拼贴"命令，可以将图像分解成块，使选区偏离原来的位置。

- ■ **"拼贴数"文本框**：用于设置图像文件每行或每列中要显示的贴块数量。
- ■ **"最大位移"文本框**：用于设置允许拼贴偏移原位置的最大距离。
- ■ **"填充空白区域用"栏**：用于设置填充贴块间空白区域的方式。

7. 曝光过度

依次选择"滤镜"→"风格化"→"曝光过度"命令，可以混合负片或正片图像，使图像产生类似摄影照片短暂曝光的效果。

要在进行浮雕处理时保留颜色和细节，可以在应用"浮雕效果"滤镜之后使用"渐隐"命令。　**技巧**

8. 凸出

依次选择"滤镜"→"风格化"→"凸出"命令，可以使图像产生类似块或者金字塔的纹理效果。

- ■ **"类型"栏**：用于设置三维方块的形状。
- ■ **"大小"文本框**：用于设置三维方块的大小。
- ■ **"深度"文本框**：用于设置三维凸出的深度。
- ■ **"立方体正面"复选框**：勾选该复选框，用于设置三维方块表面填充物体的平均色。
- ■ **"蒙版不完整块"复选框**：勾选该复选框，可使所有图像都包含在凸出的范围之内。

 聪聪，发现风格化滤镜有什么特点了吗？

 风格化滤镜主要通过移动、置换或拼贴图像，并提高图像像素的对比度来产生特殊效果。

 说得没错，观察得很认真嘛！

9. 照亮边缘

依次选择"滤镜"→"风格化"→"照亮边缘"命令，可以自动识别图像边缘，使边缘产生类似霓虹灯光的效果。

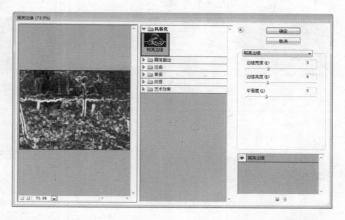

- ■ **"边缘宽度"文本框**：用于设置边缘线条的宽度。
- ■ **"边缘亮度"文本框**：用于设置边缘线条的亮度。
- ■ **"平滑度"文本框**：用于设置边缘线条的光滑程度。

>> 12.1.2 画笔描边滤镜

通过画笔描边滤镜，可以运用不同的画笔和油墨进行描边，使图像产生各种艺术绘画的效果。依次选择"滤镜"→"画笔描边"命令，即可在展开的子菜单中查看或应用该滤镜组中的8种滤镜效果。

1. 成角的线条

依次选择"滤镜"→"画笔描边"→"成角的线条"命令，可以使用对角描边的方式重新绘制图像，图像中的高亮区域和阴暗区域将使用反方向的线条进行绘制。

2. 墨水轮廓

依次选择"滤镜"→"画笔描边"→"墨水轮廓"命令，可以模拟"钢笔工具"绘制纤细的线条，使图像产生在原图像上重新绘制的效果。

画笔描边滤镜使用不同的画笔和油墨描边效果创造出绘画效果的外观。 **说明**

3. 喷溅

依次选择"滤镜"→"画笔描边"→"喷溅"命令,可以在图像中产生颗粒飞溅的喷枪效果。

 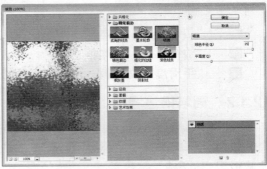

4. 喷色描边

依次选择"滤镜"→"画笔描边"→"喷色描边"命令,可以使用成角度的和喷溅的颜色线条重新绘制图像。

5. 强化的边缘

依次选择"滤镜"→"画笔描边"→"强化的边缘"命令,在弹出的"强化的边缘"对话框中的"边缘亮度"值较大时,强化效果类似白色粉笔;当数值较小时,强化效果类似黑色油墨。

说明 使用"强化的边缘"滤镜,可以强化图像的边缘。

6. 深色线条

依次选择"滤镜"→"画笔描边"→"深色线条"命令,可以使用短的深色线条绘制图像中的阴暗区域,用白色的线条绘制高亮区域。

7. 烟灰墨

依次选择"滤镜"→"画笔描边"→"烟灰墨"命令,可以使图像产生木炭绘画或在宣纸上绘画的效果。

8. 阴影线

依次选择"滤镜"→"画笔描边"→"阴影线"命令,可以在保留原图像的细节和特征的基础上,模拟铅笔阴影线的效果在图像上添加纹理,并使色彩区域的边缘变得粗糙。

>> 12.1.3 模糊滤镜

通过模糊滤镜可以削弱图像边缘过于清晰或对比度过于强烈的区域，使像素间实现平滑过渡，从而产生图像模糊的效果。依次选择"滤镜"→"模糊"命令，即可在弹出的子菜单中查看或应用该滤镜组中所包含的11种滤镜效果。

1. 表面模糊

"表面模糊"滤镜主要用于创建特殊图像效果并消除图像中的杂色和颗粒。依次选择"滤镜"→"模糊"→"表面模糊"命令，即可在保留图像边缘的同时模糊图像。

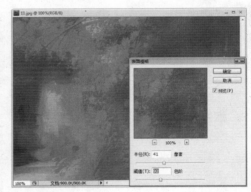

- **"半径"文本框：**用于指定模糊取样区域的大小。
- **"阈值"文本框：**用于控制相邻像素与中心像素的差值。

2. 动感模糊

依次选择"滤镜"→"模糊"→"动感模糊"命令，即可从不同角度对图像进行模糊处理，该滤镜模拟用固定的曝光时间给运动的物体拍照所得到的效果。

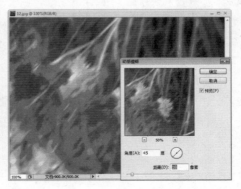

说明 模糊滤镜用于柔化选区或整个图像，这对于修饰图像非常有用。

- **"角度"文本框**：用于设置运动模糊的方向，变换范围从−360度至360度。
- **"距离"文本框**：用于设置像素移动距离，距离越大，图像越模糊。

3. 方框模糊

依次选择"滤镜"→"模糊"→"方框模糊"命令，即可基于相邻像素的平均颜色值模糊图像。

4. 高斯模糊

依次选择"滤镜"→"模糊"→"高斯模糊"命令，即可使图像产生柔和的模糊效果。高斯模糊根据Photoshop将加权平均应用于像素时生成的钟形曲线（高斯曲线）模糊图像。

 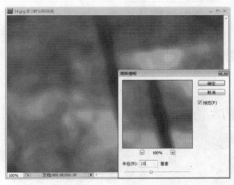

5. 进一步模糊

依次选择"滤镜"→"模糊"→"进一步模糊"命令，即可使图像产生稍微明显的模糊效果。

为选区添加"高斯模糊"、"方框模糊"或"动感模糊"会在选区的边缘产生意外的视觉效果。　**说明**　237

6. 镜头模糊

使用"镜头模糊"滤镜，首先要在图像文件中创建一个需要被模糊的选区，然后依次选择"滤镜"→"模糊"→"镜头模糊"命令，可以通过模糊选区产生一个更窄的深景效果，在模糊区域外的效果称为图像的焦点。

绘制选区

镜头模糊后的效果

7. 径向模糊

依次选择"滤镜"→"模糊"→"径向模糊"命令，即可使图像产生旋转或放射状的模糊效果。

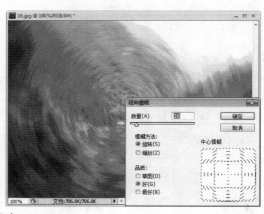

- ■ **"数量"文本框**：用于控制模糊的程度。
- ■ **"模糊方法"栏**：用于设置图像的模糊方式。选择"旋转"单选项，图像沿圆形旋转模糊；选择"缩放"单选项，图像由中心向外扩散模糊。

8. 模糊

依次选择"滤镜"→"模糊"→"模糊"命令，可以使图像产生轻微的模糊效果，该滤镜常用于模糊图像的边缘。该滤镜与"进一步模糊"相似，只是模糊的程度不同。

说明 "进一步模糊"滤镜的效果比"模糊"滤镜强3～4倍。

9. 平均

依次选择"滤镜"→"模糊"→"平均"命令，可以使用图像或选区的平均颜色来填充图像或选区，得到纯色填充图像的效果。

10. 特殊模糊

依次选择"滤镜"→"模糊"→"特殊模糊"命令，可以使图像在保留边界清晰的情况下，对图像中有微弱颜色变化的区域进行模糊处理。

 聪聪，使用"特殊模糊"滤镜可以对图像进行更为精确而且可控的模糊处理，可以减少图像中的褶皱或除去图像中多余的边缘。

 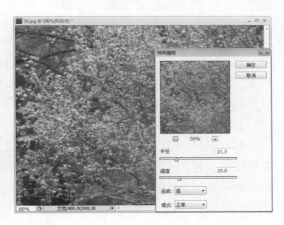

- ■ **"半径"文本框**：用于设置要应用的模糊范围。
- ■ **"阈值"文本框**：用于设置模糊效果的图像边缘。
- ■ **"品质"下拉列表框**：用于设置模糊效果的质量。
- ■ **"模式"下拉列表框**：用于设置模糊的模式。选择"仅限边缘"选项，图像将以黑色作为背景，以白色在背景上绘制图像的轮廓；选择"叠加边缘"选项，图像将用白色绘制边缘。

11. 形状模糊

依次选择"滤镜"→"模糊"→"形状模糊"命令，即可在"形状模糊"对话框中选择不同的形状创建模糊效果。

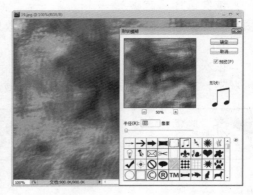

>> 12.1.4 扭曲滤镜

扭曲滤镜主要用于将图像以各种方式进行扭曲变形，使图像产生三维或者其他变形效果。依次选择"滤镜"→"扭曲"命令，即可在弹出的子菜单中查看或应用该滤镜组中所包含的13种滤镜。

1. 波浪

依次选择"滤镜"→"扭曲"→"波浪"命令，即可使图像产生波浪的变形效果，在弹出的"波浪"对话框中可以对波动效果进行设置。

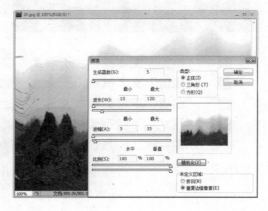

说明 波浪具有最低和最高山峰（波幅），波浪的山峰和山谷具有绵延长度（波长）。

2. 玻璃

依次选择"滤镜"→"扭曲"→"玻璃"命令，即可使图像产生透过玻璃观察图像的效果。

3. 波纹

依次选择"滤镜"→"扭曲"→"波纹"命令，可以使图像产生水波的涟漪效果。该滤镜常被用于制作水中的倒影。

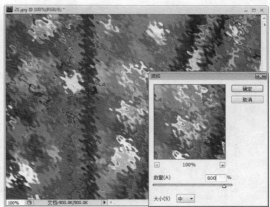

- ■ **"数量"文本框**：用于设置产生波纹的数量。
- ■ **"大小"下拉列表框**：单击其右侧的下拉按钮，即可在弹出的下拉列表中选择产生波纹的大小。

4. 海洋波纹

依次选择"滤镜"→"扭曲"→"海洋波纹"命令，即可在图像表面随机加入波纹，使图像有置入水中的效果。

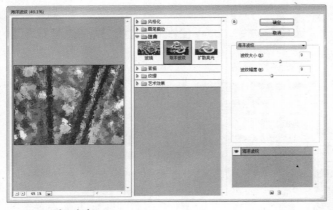

原图

添加"海洋波纹"滤镜后

5. 极坐标

依次选择"滤镜"→"扭曲"→"极坐标"命令，即可使图像产生一种极度变形的效果。该滤镜的工作原理是重新绘制图像中的像素，使它们从直角坐标系转换到极坐标系，或者从极坐标系转换到直角坐标系。在"极坐标"对话框中选择"平面坐标到极坐标"单选项，可以使矩形图像变为圆形图像；选择"极坐标到平面坐标"单选项，可以使圆形图像变为矩形图像。

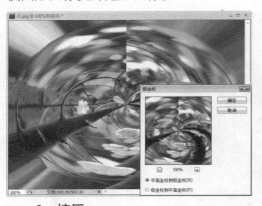

6. 挤压

依次选择"滤镜"→"扭曲"→"挤压"命令，在弹出的"挤压"对话框中，当"数量"为负值时，图像产生凸出的效果；当"数量"为正值时，图像产生凹陷的效果。

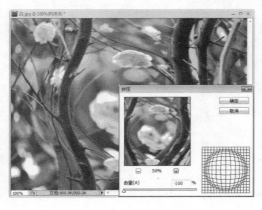

说明 "挤压"滤镜中"数量"的取值范围为−100%~100%。

7. 镜头校正

依次选择"滤镜"→"扭曲"→"镜头校正"命令，即可在弹出的"镜头校正"对话框中校正因使用普通相机拍摄而引起的图像变形失真的问题，如枕形失真、晕影和色彩失常等。

下面练习使用"镜头校正"滤镜校正素材图像中的失真和色彩失常等问题。

第1步　打开素材图像

依次选择"文件"→"打开"命令，打开素材图像"38.jpg"，图像中有失真和色彩失常等问题。

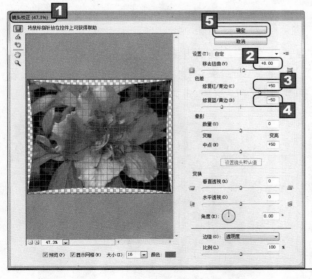

第2步　校正图像

1　依次选择"滤镜"→"扭曲"→"镜头校正"命令，弹出"镜头校正"对话框。

2　向右拖动"移去扭曲"滑块至"+8.00"。

3　向右拖动"修复红/青边"滑块至"+50"。

4　向左拖动"修复蓝/黄边"滑块至"-50"。

5　单击"确定"按钮。

使用扭曲滤镜处理图像文件时可能占用大量内存，处理起来速度较慢。　**说明**　243

第3步　裁剪图像

单击工具调板中的"裁剪工具"按钮，将图片的空白区域裁掉，最终效果如图所示。

"镜头校正"滤镜可以修复常见的镜头瑕疵。

8. 扩散亮光

依次选择"滤镜"→"扭曲"→"扩散亮光"命令，在弹出的"扩散亮光"对话框中可将背景色的光晕添加到图像中较亮的区域中，使图像产生一种漫射效果。

原图

添加"扩散亮光"滤镜后

9. 切变

依次选择"滤镜"→"扭曲"→"切变"命令，在弹出的"切变"对话框中可以调整变形曲线，以控制图像的弯曲程度。"切变"对话框中的曲线用于控制图像的变形效果，在曲线上单击鼠标左键即可添加调整点，按住鼠标左键可拖动曲线上的调整点。

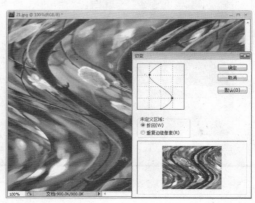

说明　"扩散亮光"滤镜为图像添加透明的白杂色，并从选区的中心向外渐隐亮光。

■ **"折回"单选项**：选择该单选项，可以将图像一侧的像素移动到图像的另一侧。

■ **"重复边缘像素"单选项**：选择该单选项，将利用图像附近的颜色来填充图像切变后的空白区域。

 聪聪，如果要删除曲线控制框中的调整点，只需选中要删除的调整点，然后按住鼠标左键将其拖出曲线调整框即可。

10. 球面化

依次选择"滤镜"→"扭曲"→"球面化"命令，可以使图像产生规则的挤压效果。与"挤压"滤镜相反，当"数量"为负值时，图像产生凹陷的效果；当"数量"为正值时，图像产生凸出的效果。

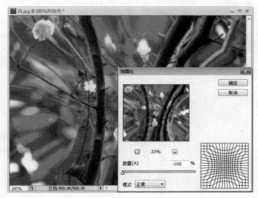 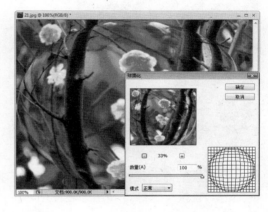

11. 水波

依次选择"滤镜"→"扭曲"→"水波"命令，可以使图像产生类似水面上起伏的波纹效果。

 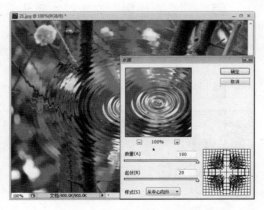

■ **"数量"文本框**：拖动滑块或在文本框中输入数值，可以设置波纹的数量。

■ **"起伏"文本框**：拖动滑块或在文本框中输入数值，可以设置波纹的起伏程度。

■ **"样式"下拉列表框**：单击其右侧的下拉按钮，可以在弹出的下拉列表中设置波纹的形状样式。

"球面化"滤镜可以将选区折成球形，使对象具有3D效果。 **技巧**

12. 旋转扭曲

依次选择"滤镜"→"扭曲"→"旋转扭曲"命令，可以使图像产生旋转效果，旋转的中心为选区或图像的中心。当角度为正值时，选区或图像按顺时针旋转；当角度为负值时，选区或图像按逆时针旋转。

13. 置换

 知识讲解

"置换"滤镜是指通过在当前图像与指定贴图文件之间进行置换的方式来扭曲原图像。依次选择"滤镜"→"扭曲"→"置换"命令，弹出如右图所示的"置换"对话框。

- **"水平比例"文本框**：用于设置图像像素在水平方向上所移动的距离。
- **"垂直比例"文本框**：用于设置图像像素在垂直方向上所移动的距离。
- **"伸展以适合"单选项**：选择该单选项，将强制置换贴图缩放到与当前图像适配的程度。
- **"拼贴"单选项**：选择该单选项，置换贴图将按图案形状在图像中重复排列。

 "置换"滤镜可以使图像产生移位效果，移位的方向不仅跟参数设置有关，还跟位移图有密切关系，使用该滤镜需要两个文件才能完成，一个文件是要编辑的图像文件，另一个是位移图文件，位移图文件充当移位模板，用于控制位移的方向。

 互动练习

下面练习使用"置换"滤镜，用素材图像"39.psd"中的纹理使"02.jpg"产生扭曲效果。

说明 "置换"滤镜就是用一幅图像的纹理去扭曲另一幅图像。

第1步　打开素材图像

依次选择"文件"→"打开"命令，打开素材图像"02.jpg"。

第2步　使用"置换"滤镜

1 依次选择"滤镜"→"扭曲"→"置换"命令，弹出"置换"对话框。

2 单击"确定"按钮，弹出"选择一个置换图"对话框。

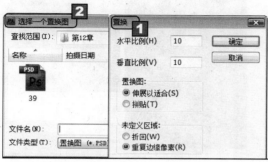

第3步　选择置换图

1 在"选择一个置换图"对话框中选择素材图像"39.psd"。

2 单击"打开"按钮。

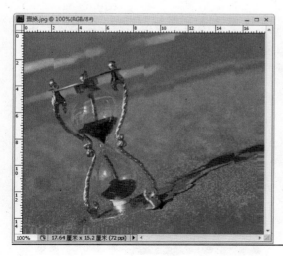

第4步　查看置换后的图像

使用"置换"滤镜后，图像中将出现素材图像"39.psd"的纹理，最终效果如图所示。依次选择"文件"→"存储为"命令，将其存储为"置换.jpg"。

使用"置换"滤镜时，选择的置换图必须为"psd"格式的图像文件。　说明

>> 12.1.5 锐化滤镜

锐化滤镜主要通过增强图像中相邻像素间的对比度，从而增加图像轮廓和纹理的清晰度。依次选择"滤镜"→"锐化"命令，在弹出的子菜单中可查看或应用该滤镜组中所包含的5种滤镜效果。

1. USM锐化

依次选择"滤镜"→"锐化"→"USM锐化"命令，可以通过调整图像边缘细节的对比度，锐化图像的轮廓。

- ■ **"数量"文本框：**拖动滑块或在文本框中输入数值，用于调节锐化的清晰度，数值越大，锐化效果越明显。
- ■ **"半径"文本框：**拖动滑块或在文本框中输入数值，用于设置图像锐化范围，数值越大，锐化范围越大。
- ■ **"阈值"文本框：**拖动滑块或在文本框中输入数值，用于设置图像相邻像素的差值。

2. 进一步锐化

"进一步锐化"滤镜可以直接对图像进行锐化处理，该滤镜无设置项，只需依次选择"滤镜"→"锐化"→"进一步锐化"命令即可。

3. 锐化

依次选择"滤镜"→"锐化"→"锐化"命令，可以使用"锐化"滤镜对选区进行锐化，以提高图像的清晰度。该滤镜与"进一步锐化"滤镜相似，但锐化效果不明显。

添加"进一步锐化"滤镜后

添加"锐化"滤镜后

说明 锐化滤镜通过增加相邻像素的对比度来聚焦模糊的图像。

4. 锐化边缘

依次选择"滤镜"→"锐化"→"锐化边缘"命令，可以增强图像边缘色彩的对比度，从而使图像变得更加清晰。

 聪聪，在使用"锐化边缘"滤镜锐化图像边缘的同时，可以保留图像整体的平滑度。

5. 智能锐化

依次选择"滤镜"→"锐化"→"智能锐化"命令，在弹出的"智能锐化"对话框中可以通过设置相应的锐化算法来锐化图像。与"USM锐化"滤镜相比较，"智能锐化"滤镜拥有更为智能的锐化控制功能。

在"智能锐化"对话框中有"基本"和"高级"两个单选项，选择"高级"单选项，可以分别设置"阴影"和"高光"部分的锐化量。

- ■ **"数量"文本框**：用于设置图像锐化的程度，数值越大，图像边缘像素间的对比度越大，锐化效果越明显。
- ■ **"半径"文本框**：用于设置边缘像素周围受锐化影响的像素数量，数值越大，受影响的范围越大，锐化效果越明显。
- ■ **"移去"文本框**：单击其右侧的 ▼ 按钮，即可在弹出的下拉列表中选择锐化的算法。选择"高斯模糊"选项，将使用"USM锐化"滤镜的方法对图像文件进行锐化；选择"镜头模糊"选项，可检测图像的边缘，进行更加细致的锐化，并减少锐化的效果；选择"动感模糊"选项，将减少图像中的模糊效果。
- ■ **"角度"文本框**：用于设置动感模糊的运动方向。
- ■ **"更加准确"复选框**：勾选该复选框，将更加精确地锐化图像。

>> 12.1.6 视频滤镜

视频滤镜组中只有两种滤镜："NTSC颜色"滤镜和"逐行"滤镜。只有在图像需要进行视频输出时才需要用到这两种滤镜。

1. NTSC颜色

"NTSC颜色"滤镜的作用是在将计算机图像转换成为视频图像时，去除由于色域氛围的差别而带来的误差，也就是去除图像中饱和度过高的颜色，防止过饱和颜色渗过电视机扫描引起的颜色偏差，使之达到电视机能够接受的水平。

锐化和模糊是相反的操作，但同时进行这两种操作后图像一般不能恢复原状。 说明

2. 逐行

由于电视机的扫描频率低于计算机显示器的扫描频率，因此，直接从视频信号捕捉的图像常常会有一些相互交错的扫描线。使用"逐行"滤镜可以去除视频图像中的奇数或偶数扫描线，使在视频上捕捉的运动图像变得平滑。用户可以选择通过复制或插值来替换扔掉的线条。

>> 12.1.7 素描滤镜

素描滤镜主要用于获取素描、速写和三维等艺术效果，使用该滤镜还可以创建精美的艺术品。依次选择"滤镜"→"素描"命令，在弹出的子菜单中可查看或应用该滤镜组中所包含的14种滤镜效果。

1. 半调图案

依次选择"滤镜"→"素描"→"半调图案"命令，可以使前景色和背景色在图像中产生网板图案效果。

- **"大小"文本框**：用于设置网点的大小。
- **"对比度"文本框**：用于设置前景色的对比度。
- **"图案类型"下拉列表框**：用于设置网板图案的样式，有"圆形"、"网点"和"直线"3种。

2. 便条纸

依次选择"滤镜"→"素描"→"便条纸"命令，可以模拟压印图案，产生凹凸不平的草纸画效果。其中凸出部分使用背景色填充，凹陷部分使用前景色填充。

说明 使用"便条纸"滤镜后，产生的效果类似于用手工制作的纸张构建的图像。

- ◙ **"图像平衡"文本框**：用于设置前景色和背景色之间的面积大小。
- ◙ **"粒度"文本框**：用于设置图像产生的颗粒数量。
- ◙ **"凸现"文本框**：用于设置便条纸效果的凹凸程度。

3．粉笔和炭笔

依次选择"滤镜"→"素描"→"粉笔和炭笔"命令，可以使图像产生用粉笔和炭笔涂抹的效果。其中粉笔颜色为背景色，炭笔颜色为前景色。

原图

添加"粉笔和炭笔"滤镜后

- ◙ **"炭笔区"文本框**：用于设置炭笔涂抹的区域大小。
- ◙ **"粉笔区"文本框**：用于设置粉笔涂抹的区域大小。
- ◙ **"描边压力"文本框**：用于设置画笔的笔触大小。

4．铬黄渐变

依次选择"滤镜"→"素描"→"铬黄渐变"命令，可以使图像产生光感强烈的金属般的效果。

原图

添加"铬黄渐变"滤镜后

- ◙ **"细节"文本框**：用于设置图像部分区域中金属效果的模拟程度，数值越大，铬黄效果越细致。
- ◙ **"平滑度"文本框**：用于设置铬黄效果的平滑程度，数值越大，效果越平滑。

使用"铬黄渐变"滤镜对图像文件进行处理后，还可以使用"色阶"命令，对铬黄效果的对比度进行相应的调整，使效果更加明显。

使用"铬黄渐变"滤镜后，可以使用"色阶"命令增加图像的对比度。

5. 绘图笔

依次选择"滤镜"→"素描"→"绘图笔"命令，可以使图像产生类似钢笔画的效果。

原图

添加"绘图笔"滤镜后

- ■ **"描边长度"对话框**：用于设置笔触的描边长度。
- ■ **"明/暗平衡"对话框**：用于设置前景色和背景色的混合比例。当数值为"0"时，图像填充为背景色；当数值为"100"时，图像填充为前景色。
- ■ **"描边方向"下拉列表框**：用于设置笔触的方向。

6. 基底凸现

依次选择"滤镜"→"素描"→"基底凸现"命令，可以使图像产生粗糙的浮雕效果。其中使用前景色填充阴暗区域，使用背景色填充高亮区域。

原图

添加"基底凸现"滤镜后

- ■ **"细节"文本框**：用于设置基底凸现效果的细节部分。
- ■ **"平滑度"文本框**：用于设置效果的平滑度。
- ■ **"光照"下拉列表框**：用于设置基底凸现效果的光照方向。

7. 水彩画纸

依次选择"滤镜"→"素描"→"水彩画纸"命令，可以模仿在潮湿的纤维纸上涂抹颜色而产生画面浸湿、墨水扩散的效果。

技巧 用户可以通过"滤镜库"来应用素描滤镜组中的所有滤镜。

- “纤维长度”文本框：用于控制边缘扩散程度。
- “亮度”文本框：用于调整图像与笔画的亮度。
- “对比度”文本框：用于调整图像与笔画的对比度。

8．撕边

依次选择“滤镜”→“素描”→“撕边”命令，可以使图像产生纸片撕破后的粗糙形状效果。

- “图像平衡”文本框：用于设置前景色和背景色的混合比例，数值越大，前景色所占的比例越大。
- “平滑度”文本框：用于设置图像边缘的平滑度。

9．塑料效果

依次选择“滤镜”→“素描”→“塑料效果”命令，可以使图像产生塑料压模的浮雕效果。

原图

添加"塑料效果"滤镜后

- ■ **"图像平衡"文本框**：用于设置前景色和背景色的混合比例。
- ■ **"平滑度"文本框**：用于设置图像的粗糙程度，数值越大，图像越平滑。
- ■ **"光照"下拉列表框**：用于设置光照的方向。

10. 炭笔

依次选择"滤镜"→"素描"→"炭笔"命令，可以使图像产生炭笔绘画的效果，前景色为炭笔的颜色，背景色为纸张颜色。

 聪聪，在使用"炭笔"滤镜时，最好将背景色设置成黑色或深褐色，这样才能更好地体现炭笔画的效果。

原图

添加"炭笔"滤镜后

- ■ **"炭笔粗细"文本框**：用于设置笔触的粗细。
- ■ **"细节"文本框**：用于设置图像细节的保留程度，数值越大，笔触越细腻。
- ■ **"明/暗平衡"文本框**：用于设置背景色和前景色间的混合比例。

11. 炭精笔

依次选择"滤镜"→"素描"→"炭精笔"命令，可以在图像上模拟浓黑和纯白的炭精笔纹理。其中使用前景色填充阴暗区域，使用背景色填充高亮区域。

 为了获得更逼真的效果，可以在应用该滤镜之前将前景色改为一种常用的"炭精笔"颜色（黑色、深褐色或血红色）。如果要获得减弱的效果，可以将背景色设置成白色，在白色背景中添加一些前景色，然后再应用滤镜。

技巧 适当改变前景色和背景色，可以得到许多意想不到的效果。

原图

添加"炭精笔"滤镜后

12. 图章

依次选择"滤镜"→"素描"→"图章"命令，可以简化图像，并使图像产生用橡皮或木制图章创建的效果。

原图

添加"图章"滤镜后

- **"明/暗平衡"文本框**：用于设置前景色和背景色的混合比例，当值为0时，图像将以背景色显示；当值为50时，图像将以前景色显示。
- **"平滑度"文本框**：用于调整图章效果的平滑程度，数值越大，图像越平滑。

13. 网状

依次选择"滤镜"→"素描"→"网状"命令，可以模拟胶片乳胶的可控收缩和扭曲来创建图像，使之阴影区域呈结块状，高光区域呈轻微颗粒状。

原图

添加"网状"滤镜后

"图章"滤镜用于黑白图像时效果最佳。 技巧

■ "密度"文本框：用于设置网眼的密度。

■ "前景色阶"文本框：用于设置前景色的层次。

■ "背景色阶"文本框：用于设置背景色的层次。

14. 影印

依次选择"滤镜"→"素描"→"影印"命令，可以使图像产生影印物的效果，其中使用前景色填充图像的高亮区域，使用背景色填充图像的阴暗区域。

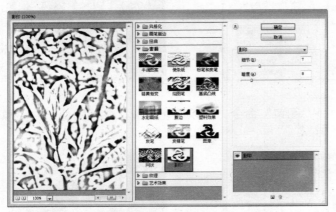

■ "细节"文本框：用于设置图像变化的层次。

■ "暗度"文本框：用于设置图像阴暗区域的深度。

>> 12.1.8 纹理滤镜

通过纹理滤镜可以为图像添加多种纹理，使图像产生材质感和深度感。依次选择"滤镜"→"纹理"命令，在弹出的子菜单中可以查看或应用该滤镜组中所包含的6种滤镜。

1. 龟裂缝

依次选择"滤镜"→"纹理"→"龟裂缝"命令，可以在图像中生成类似龟甲的裂纹效果。

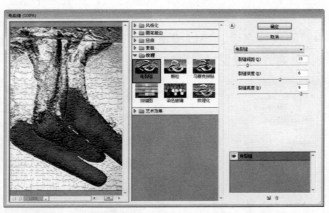
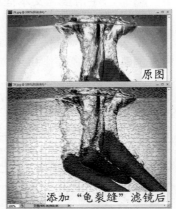

■ "裂缝间隙"文本框：用于设置裂缝间的距离。

■ "裂缝深度"文本框：用于设置裂缝的深度。

说明 "纹理"滤镜可以模拟具有深度感或物质感的外观。

■　**"裂缝亮度"文本框**：用于设置裂纹的亮度。

2. 颗粒

依次选择"滤镜"→"纹理"→"颗粒"命令，可以在图像中添加不规则的颗粒，使图像产生颗粒化的纹理效果。

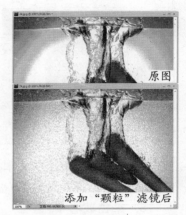

■　**"强度"文本框**：用于设置颗粒的密度，取值范围为0~100，数值越大，图像中的颗粒越多。

■　**"对比度"文本框**：用于设置图像的明暗对比度。

3. 马赛克拼贴

依次选择"滤镜"→"纹理"→"马赛克拼贴"命令，可以在图像中生成马赛克网格，使图像分解成各种颜色的像素块。

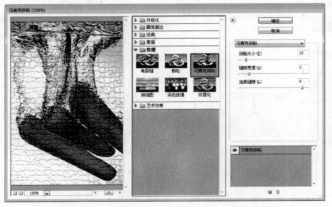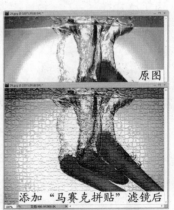

■　**"拼贴大小"文本框**：用于设置拼图块的大小，数值越大，拼图块越大。

■　**"缝隙宽度"文本框**：用于设置拼贴间隔的大小。

■　**"加亮缝隙"文本框**：用于设置间隔加亮的程度。

4. 拼缀图

依次选择"滤镜"→"纹理"→"拼缀图"命令，可以将图像分割成规则的方块，并用每个方块内的平均颜色作为该方块的颜色，从而模拟出一种建筑拼贴瓷砖的效果。

依次选择"像素化"→"马赛克"命令，可以将图像分解成各种颜色的像素块。　**说明**　257

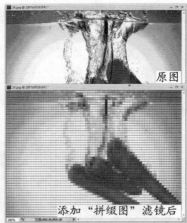

原图

添加"拼缀图"滤镜后

- ■ **"方形大小"文本框**：用于设置方块的大小。
- ■ **"凸现"文本框**：用于设置方块的凹凸程度。

5. 染色玻璃

依次选择"滤镜"→"纹理"→"染色玻璃"命令，可以使图像产生不规则分离的彩色玻璃格子效果，每一格的颜色由该格内原图的平均颜色替换。

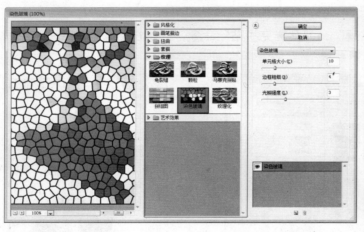

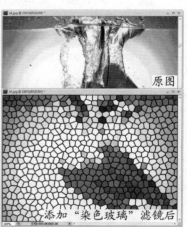

原图

添加"染色玻璃"滤镜后

- ■ **"单元格大小"文本框**：用于设置色块的大小。
- ■ **"边框粗细"文本框**：用于设置单元格间的缝隙大小。
- ■ **"光照强度"文本框**：用于设置照射网格的虚拟灯光强度，数值越大，图像中间部分的光照越强烈。

6. 纹理化

依次选择"滤镜"→"纹理"→"纹理化"命令，通过预设纹理或由另一个图像的亮度值在图像中生成纹理效果。

说明 "染色玻璃"滤镜可以将图像重新绘制为用前景色勾勒的单色的相邻单元格。

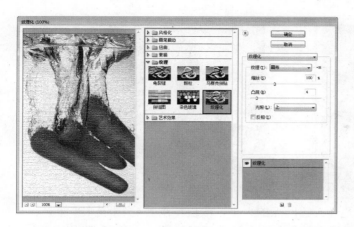

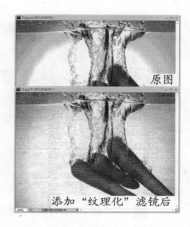

原图

添加"纹理化"滤镜后

- ■ **"纹理"下拉列表框**：用于设置纹理的类型，其中包括"砖形"、"粗麻布"、"画布"和"砂岩"4个选项。除了使用系统提供的纹理外，还可以将PSD格式的文件存放到纹理模板中，然后通过"载入纹理"选项载入自定义纹理。
- ■ **"缩放"文本框**：用于设置纹理的尺寸大小，数值越大，效果越明显。
- ■ **"凸现"文本框**：用于设置纹理的凸现程度，数值越大，纹理深度越深。

>> 12.1.9　像素化滤镜

像素化滤镜主要通过将单元格中颜色值相近的像素转化成单元格的方法使图像分块或平面化。依次选择"滤镜"→"像素化"命令，在弹出的子菜单中可以查看或应用该滤镜组中所包含的7种滤镜。

1. 彩块化

依次选择"滤镜"→"像素化"→"彩块化"命令，即可将当前图像中相邻的图像像素结块，形成颜色相近的像素块，从而产生手绘效果。

2. 彩色半调

依次选择"滤镜"→"像素化"→"彩色半调"命令，可以在图像中添加带有彩色半调的网点，以模拟在图像的每个通道上使用放大的半调网屏效果，网点的大小受图像亮度的影响。

像素化滤镜通过使单元格中颜色值相近的像素结成块来清晰地定义一个选区。

说明 | 259

 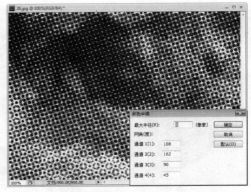

■ "最大半径"文本框：用于设置网点的大小，取值范围为4像素至127像素。

■ "网角（度）"栏：用于设置每个颜色通道的网屏角度，共有4个通道，分别代表填入颜色之间的角度。需要注意的是，不同模式的图像，其颜色通道也不同。

3. 点状化

依次选择"滤镜"→"像素化"→"点状化"命令，可以将图像中的颜色分解为随机分布的网点，点与点之间的空隙将使用当前背景色填充，从而生成点画派作品的效果。其参数设置对话框中的"单元格大小"文本框用于设置产生的斑点的大小。

4. 晶格化

依次选择"滤镜"→"像素化"→"晶格化"命令，可以将相邻的像素集中到一个像素的多角形网格中，使图像中相近的像素结块形成多边形纯色，产生类似冰块的块状效果。其参数设置对话框中的"单元格大小"文本框用于设置多边形分块的大小，取值范围为3~300。

说明 执行"点状化"命令后，图像中的网点将进行随机分布。

5. 马赛克

依次选择"滤镜"→"像素化"→"马赛克"命令，可以将图像中具有相似色彩的像素进行统一来合成更大的像素块，以产生马赛克效果。其参数设置对话框中的"单元格大小"文本框用于设置产生的像素块的大小。

6. 碎片

依次选择"滤镜"→"像素化"→"碎片"命令，可以将图像的像素复制4份，将它们平均化并移位，然后降低其不透明度，最终形成一种不聚焦的效果，该滤镜无参数设置对话框。

7. 铜版雕刻

依次选择"滤镜"→"像素化"→"铜版雕刻"命令，可以用点、线或笔画的样式重新绘制图像，使图像产生铜版画的效果。

 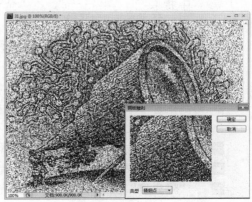

>> 12.1.10 渲染滤镜

渲染滤镜用于模拟在不同的光源下用不同的光线照明的效果。依次选择"滤镜"→"渲染"命令，在弹出的子菜单中可以查看或应用该滤镜组中所包含的5种滤镜。

1. 分层云彩

依次选择"滤镜"→"渲染"→"分层云彩"命令，该滤镜的效果与原图像颜色有关，它不像"云彩"滤镜那样完全覆盖图像，而是在图像中添加一个分层云彩效果。

2. 光照效果

依次选择"滤镜"→"渲染"→"光照效果"命令，即可弹出"光照效果"对话框，"光照效果"滤镜的设置和使用比较复杂，但其功能相当强大。用它可以设置光源、光色、物体的反射特性等，然后根据这些设置产生光照，模拟3D绘画效果。合理地运用该滤镜，还可以产生较好的灯光效果。

- ◨ **"样式"下拉列表框**：用于设置光源样式，系统提供了17种舞台光源样式，用户可以方便地模拟各种舞台光源的效果。

- ◨ **"光照类型"下拉列表框**：用于设置灯光类型，只有在勾选"开"复选框后才会被激活。其中提供了"平行光"、"全光源"和"点光"3种灯光类型。

- ◨ **"强度"文本框**：用于设置光照强度，取值范围为−100~100，强度越大，光照越强。单击其右侧的色块，可以在弹出的对话框中设置灯光的颜色。

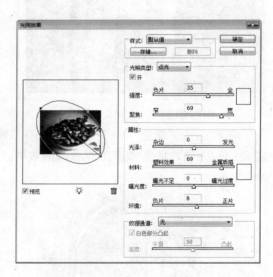

- ◨ **"聚焦"文本框**：用于扩大光照范围，该功能仅对点光源有效。

- ◨ **"光泽"文本框**：用于设置反光物体的光泽度，光泽度越高，反光效果越好。

- ◨ **"曝光度"文本框**：用于设置光照的明暗。

技巧 使用"分层云彩"滤镜几次之后，会创建出与大理石的纹理相似的凸缘与叶脉图案。

- **"环境"文本框**：用于产生一种舞台灯光的弥漫效果。单击其右侧的色块，在弹出的"拾色器"对话框中可以进行灯光颜色的设置。
- **"纹理通道"下拉列表框**：用于在图像中加入纹理来生成一种浮雕效果。如果选择"无"以外的选项，"白色部分凸出"复选框将变为勾选状态。
- **"高度"文本框**：勾选"白色部分凸出"复选框时，通过"高度"滑块可以调整纹理的深浅，其中纹理的凸出部分用白色表示，凹陷部分用黑色表示。滑块从"平滑"端到"凸起"端，表示纹理越来越浅。

3. 镜头光晕

依次选择"滤镜"→"渲染"→"镜头光晕"命令，可以在图像中添加类似照相机镜头反射光的效果，同时还可以使用鼠标调整光晕的位置。该滤镜常用于创建强烈日光、星光以及其他光芒效果。

 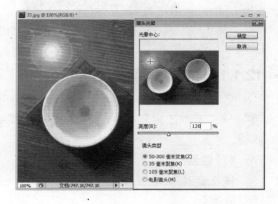

4. 纤维

依次选择"滤镜"→"渲染"→"纤维"命令，可以根据当前设置的前景色和背景色生成一种纤维效果。

 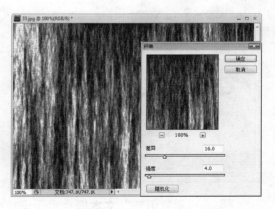

- **"差异"文本框**：用于设置颜色变化的方式。
- **"强度"文本框**：用于设置纤维的外观。
- **"随机化"按钮**：单击该按钮，可以产生随机的纹理效果。

改变17种光照样式、3种光照类型和4套光照属性，可以在RGB图像上产生无数种光照效果。　**技巧**

5. 云彩

依次选择"滤镜"→"渲染"→"云彩"命令，可以通过在前景色和背景色之间随机地抽取像素，将图像转换为柔和的云彩效果。该滤镜无参数设置对话框，云彩效果的颜色受当前前景色和背景色的影响。

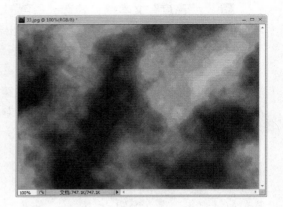

>> 12.1.11 艺术效果滤镜

艺术效果滤镜主要用于为美术或商业项目制作绘画效果或艺术效果。依次选择"滤镜"→"艺术效果"命令，在弹出的子菜单中可以查看或应用该滤镜组中所包含的15种滤镜。

1. 壁画

依次选择"滤镜"→"艺术效果"→"壁画"命令，可以使图像产生壁画般粗糙的绘画效果。

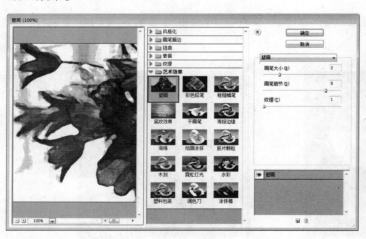

- ■ **"画笔细节"文本框**：用于设置画笔刻画图像的细腻程度。
- ■ **"纹理"文本框**：用于设置颜色间过渡的平滑度。

2. 彩色铅笔

依次选择"滤镜"→"艺术效果"→"彩色铅笔"命令，可以产生类似使用彩色铅笔绘图的效果。

技巧 "云彩"滤镜使用前景色和背景色随机混合填充，产生类似云彩的效果。

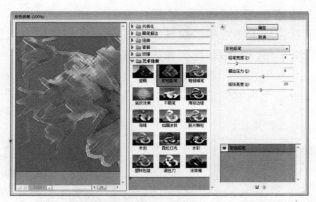

- **"铅笔宽度"文本框：**用于设置铅笔笔触的宽度，数值越大，效果越粗糙。
- **"描边压力"文本框：**用于设置图像效果的明暗度。
- **"纸张亮度"文本框：**用于设置背景色在图像中的明暗程度，数值越大，背景色越明显。

3. 粗糙蜡笔

依次选择"滤镜"→"艺术效果"→"粗糙蜡笔"命令，可以生成使用彩色蜡笔在纹理纸上绘图的效果。

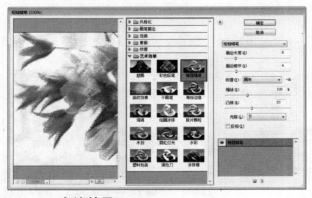

4. 底纹效果

依次选择"滤镜"→"艺术效果"→"底纹效果"命令，可以使图像产生使用不同的纹理在纸上绘画的效果。

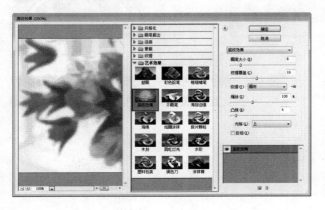

■ **"纹理覆盖"文本框**：用于设置笔触的细腻程度。

■ **"纹理"下拉列表框**：用于设置应用于图像中的纹理类型。

■ **"反相"复选框**：勾选该复选框，可以反相处理图像中的纹理效果。

5. 干画笔

依次选择"滤镜"→"艺术效果"→"干画笔"命令，可以使图像生成类似使用干画笔绘制边缘的效果。

6. 海报边缘

依次选择"滤镜"→"艺术效果"→"海报边缘"命令，可以减少图像中的颜色细节，使图像边缘填充为黑色。

7. 海绵

依次选择"滤镜"→"艺术效果"→"海绵"命令，可以生成被海绵浸湿的图像效果。其参数设置对话框中的"清晰度"文本框用于设置图像的清晰程度，数值越大，图像效果就越清晰。

技巧 按下"Ctrl+F"组合键，可以快速调用上一次所使用的滤镜。

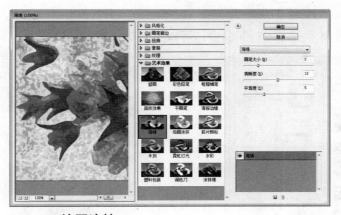

8. 绘画涂抹

依次选择"滤镜"→"艺术效果"→"绘画涂抹"命令,可以产生类似用手在湿画上涂抹的模糊效果。

9. 胶片颗粒

依次选择"滤镜"→"艺术效果"→"胶片颗粒"命令,向平滑图案添加阴影和中间色调,将一种更平滑、饱和度更高的图案添加到亮区。在消除混合的条纹和将各种来源的图素在视觉上进行统一时,此滤镜非常有用。

10. 木刻

依次选择"滤镜"→"艺术效果"→"木刻"命令,可以生成类似木刻画的效果。

原图

添加"木刻"滤镜后

- ■ **"色阶数"文本框**:用于设置图像中色彩的层次,数值越大,图像的色彩层次越丰富。
- ■ **"边缘简化度"文本框**:用于设置图像边缘的简化程度,数值越小,边缘越明显。
- ■ **"边缘逼真度"文本框**:用于设置图像中产生的痕迹的精确度,数值越小,图像中的痕迹越明显。

11. 霓虹灯光

依次选择"滤镜"→"艺术效果"→"霓虹灯光"命令,可以在图像中添加发光的效果。使用该滤镜不仅可以柔化图像,还可以为图像着色。

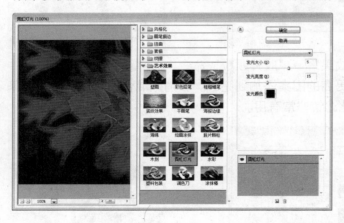

原图

添加"霓虹灯光"滤镜后

- ■ **"发光大小"文本框**:用于设置霓虹灯光的照射范围,数值越大,照射范围越广。
- ■ **"发光亮度"文本框**:用于设置灯光的亮度。
- ■ **"发光颜色"色块**:单击该色块,在弹出的"拾色器"对话框中可以设置灯光的颜色。

说明 "霓虹灯光"滤镜用于在柔化图像外观时给图像着色。

12. 水彩

依次选择"滤镜"→"艺术效果"→"水彩"命令，可以使图像产生水彩绘画的效果。

- ◙ **"画笔细节"文本框**：用于设置图像中刻画的细腻程度。
- ◙ **"阴影强度"文本框**：用于设置图像效果中阴影区域的强度。当数值为0时，图像的阴影区域为黑色。
- ◙ **"纹理"文本框**：用于设置水彩的材质肌理。

13. 塑料包装

依次选择"滤镜"→"艺术效果"→"塑料包装"命令，可以生成凹凸不平的半透明塑料包裹后的图像效果。

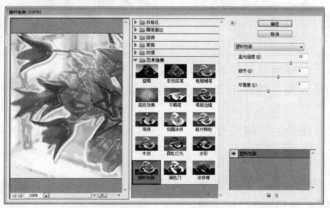

- ◙ **"高光强度"文本框**：用于设置图像中高光区域的亮度。
- ◙ **"细节"文本框**：用于设置作用于图像细节的精细程度，数值越大，塑料包装的效果越明显。
- ◙ **"平滑度"文本框**：用于设置塑料包装效果的平滑程度。

14. 调色刀

依次选择"滤镜"→"艺术效果"→"调色刀"命令，可以减少图像中的细节以生成描绘得很淡的画布效果，可以显示出下面的纹理。"调色刀"对话框中的"软化度"文本框用于设置图像边缘的柔和程度，数值越大，图像边缘就越柔和。

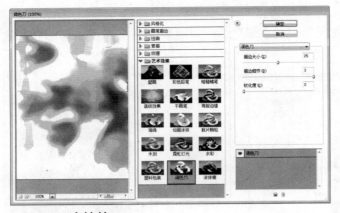

15. 涂抹棒

依次选择"滤镜"→"艺术效果"→"涂抹棒"命令，可以使图像产生类似粉笔或蜡笔涂抹的效果。

- ■ **"描边长度"文本框**：用于设置画笔笔触的长度，数值越大，笔触越长。
- ■ **"高光区域"文本框**：用于设置图像的高光区域，数值越大，高光区域对比度越强。
- ■ **"强度"文本框**：用于设置图像的明暗强度。

>> 12.1.12 杂色滤镜

杂色滤镜可以去除或添加图像中的杂色，依次选择"滤镜"→"杂色"命令，即可在弹出的子菜单中查看或应用该滤镜中所包括的5种滤镜。

1. 减少杂色

依次选择"滤镜"→"杂色"→"减少杂色"命令，可以去除因为ISO值设置不当而在数码照片中产生的杂色，同时也可以去除扫描的图像中由于扫描传感器导致的图像杂色。

- ■ **"强度"文本框**：用于设置图像通道的亮度杂色减少量。
- ■ **"保留细节"文本框**：用于设置保留边缘和图像的细节多少。当数值为100时，可保留大多数图像细节。

说明 使用"涂抹棒"滤镜可以对图像的阴暗区域进行涂抹，从而柔化图像。

■ **"减少杂色"文本框**：用于去除图像中随机生成的颜色像素，数值越大，减少的颜色杂色越多。

■ **"锐化细节"文本框**：用于设置图像的锐化程度。

■ **"移去JPEG不自然感"复选框**：勾选该复选框，将去除由于低JPEG品质设置而存储图像后导致的斑驳效果和光晕。如果亮度杂色在一个或两个颜色通道中较明显，可以选择"高级"单选项，切换到"每通道"选项卡，在"通道"下拉列表框中选择用于调整的颜色通道，然后通过设置"强度"和"保留细节"数值，来减少该通道中的杂色。

2. 蒙尘与划痕

依次选择"滤镜"→"杂色"→"蒙尘与划痕"命令，可以根据图像中亮度的过渡差值，找出与周围像素反差较大的区域，然后用周围的颜色填充这些区域，达到去除图像杂色点的目的。

■ **"半径"文本框**：用于设置处理的范围。

■ **"阈值"文本框**：用于设置色阶的等级，数值越大，就能越好地保留图像的细节部分。

3. 去斑

依次选择"滤镜"→"杂色"→"去斑"命令，可以去除图像中的杂色点，该滤镜无参数选项设置。

使用"杂色"滤镜，可以为图像添加（或减少）杂色或带有随机分布色阶的像素。 **说明**

4. 添加杂色

依次选择"滤镜"→"杂色"→"添加杂色"命令，可以在当前图像中随机添加一定量的杂色点，并使混合时产生的色彩具有漫散的效果。

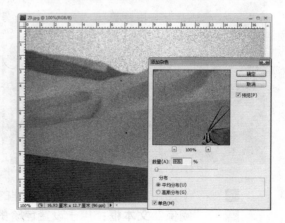

- ■ **"数量"文本框**：用于设置杂色点的数量。
- ■ **"分布"栏**：可以选择杂色点在图像中的分布方式。选择"平均分布"单选项，将以平均色分布图像中的杂色点；如果选择"高斯分布"单选项，将使杂色点的颜色较柔和。
- ■ **"单色"复选框**：勾选"单色"复选框，将产生较明显的杂色点，且杂色点的颜色为单色。

5. 中间值

依次选择"滤镜"→"杂色"→"中间值"命令，可以通过混合选区内像素亮度的平均值来平滑图像内容。

说明 使用"去斑"滤镜去除图像中的杂点后，只有放大图像后才容易观察发生的变化。

>> 12.1.13　其他滤镜

通过其他滤镜，可以使图像发生位移、自定义滤镜效果、使用滤镜修改蒙版和快速调整图像颜色等。依次选择"滤镜"→"其他"命令，即可在弹出的子菜单中查看或应用该滤镜组中所包含的5种滤镜。

1.　高反差保留

依次选择"滤镜"→"其他"→"高反差保留"命令，即可在颜色强烈的区域通过指定的半径值来保留图像的边缘细节，使图像的其余部分不被显示。

 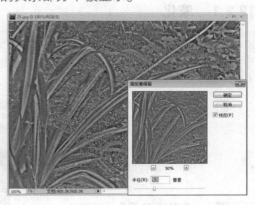

2.　位移

依次选择"滤镜"→"其他"→"位移"命令，可以使图像或选区像素按指定的数值在水平或垂直方向上移动，而移动后的原像素区域将使用背景色、边缘像素或图像的另一部分进行填充。如果选区靠近图像边缘，可以使用所选择的填充内容进行填充。

 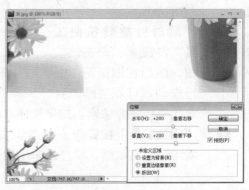

使用"高反差保留"滤镜可以移去图像中的低频细节，与"高斯模糊"滤镜的效果恰好相反。　**说明**　273

- ◼ **"水平"文本框**：用于设置图像像素在水平方向上移动的距离。
- ◼ **"垂直"文本框**：用于设置图像像素在垂直方向上移动的距离。
- ◼ **"未定义区域"栏**：用于设置对空白区域的填充方式。

3. 自定

依次选择"滤镜"→"其他"→"自定"命令，可以自定义滤镜的效果，还可以对滤镜进行保存，以便应用到其他图像文件中。

4. 最大值

依次选择"滤镜"→"其他"→"最大值"命令，可以强化图像中的高亮色调，消减阴暗色调，该滤镜可以用于编辑Alpha通道。

5. 最小值

"最小值"滤镜与"最大值"滤镜的功能相反，依次选择"滤镜"→"其他"→"最小值"命令，可以消减图像中的高亮部分，强化阴暗部分。

12.2　特殊功能滤镜 ———————————————————<<

Photoshop CS4的内置滤镜可以说丰富多彩，其中"液化"和"消失点"滤镜在用户处理图像时可以发挥不小的作用，下面将分别对它们的功能和使用方法进行介绍。

>> 12.2.1　液化

通过"液化"滤镜可以对图像的局部进行各种各样的类似液化效果的变形处理，依次选择"滤镜"→"液化"命令，然后在弹出的"液化"对话框的右侧选择相应的液化工具，最后在缩览图中涂抹即可。

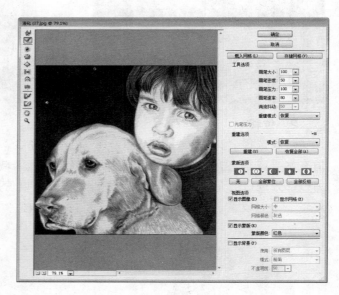

- ◼ **"向前变形工具"按钮** ：单击该按钮，然后在缩览图中进行拖动，可以向前推送图像的像素。
- ◼ **"重建工具"按钮** ：单击该按钮，然后在缩览图中进行拖动，可以将变形后的图像恢复成原始状态。
- ◼ **"顺时针旋转扭曲工具"按钮** ：单击该按钮，然后在缩览图中进行拖动，可以按顺时针方向旋转图像像素。如果按住"Alt"键，则按逆时针方向旋转图像像素。
- ◼ **"褶皱工具"按钮** ：单击该按钮，然后在缩览图中进行拖动，可以使图像像素向中心点收缩，以产生挤压的效果。

说明 使用"自定"命令用户可以设计自己的滤镜效果。

- **"膨胀工具"按钮**⊙：单击该按钮，然后在缩览图中进行拖动，可以使图像像素背离中心点，以产生膨胀的效果。
- **"左推工具"按钮**✸：单击该按钮，然后在缩览图中进行拖动，可以移动和描边垂直方向上的像素，使像素向左移动。如果按住"Alt"键，则使像素向右移动。
- **"镜像工具"按钮**：单击该按钮，然后在缩览图中进行拖动，可以使图像产生镜像效果。
- **"湍流工具"按钮**：单击该按钮，然后在缩览图中进行拖动，可以使图像产生紊乱的变形效果。
- **"冻结蒙版工具"按钮**：单击该按钮，可以冻结图像，从而保护蒙版覆盖区域不受进一步的编辑。
- **"解冻蒙版工具"按钮**：单击该按钮，可以解除冻结区域，用户只需在被冻结处拖动鼠标即可。

>> 12.2.2　消失点

 知识讲解

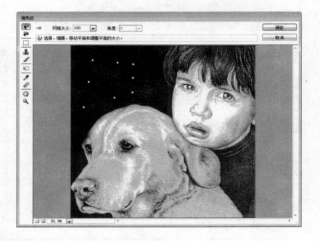

通过"消失点"滤镜可以在处理具有一定透视角度的图像时，使复制或修复的图像自动与原图保持一定的透视角度不变，从而产生自然过渡的效果。"消失点"滤镜的使用方法如下。

（1）依次选择"滤镜"→"消失点"命令，弹出"消失点"对话框。

（2）单击对话框左侧工具栏中的"创建平面工具"按钮，然后在缩览图中单击4次鼠标左键，创建一个透视平面。

（3）单击"图章工具"按钮，并在按住"Alt"键的同时在透视平面中取样。

（4）将鼠标移动到透视平面的其他地方进行单击或涂抹。

（5）单击"确定"按钮。

 互动练习

下面练习使用"消失点"滤镜使草地覆盖图像素材中的小狗。

Chapter 12

第1步 打开素材图像

依次选择"文件"→"打开"命令，打开素材图像"39.jpg"。

"消失点"滤镜的实质就是使用图章工具进行图像复制。

第2步 创建透视平面

1 依次选择"滤镜"→"消失点"命令，打开"消失点"对话框。

2 单击对话框左侧的"创建平面工具"按钮，然后在缩览图中单击4次，创建一个具有8个控制点的透视平面。

第3步 取样并涂抹

1 单击"图章工具"按钮。

2 按住"Alt"键在草地上单击进行取样。

3 单击并涂抹，直到图像中的小狗被完全覆盖为止。

4 单击"确定"按钮。

第4步 查看并储存图像

使用"消失点"滤镜后，最终效果如图所示。依次选择"文件"→"存储为"命令，将文件存储为"消失点.jpg"。

说明 使用"消失点"滤镜，可以在编辑包含透视平面的图像时保留正确的透视。

12.3　使用滤镜库　————————————————————— <<

　　滤镜库中包括了"风格化"、"画笔描边"、"扭曲"、"素描"、"纹理"和"艺术效果"6大类滤镜，用户可以通过滤镜库为一个图层添加多个滤镜效果。依次选择"滤镜"→"滤镜库"命令，打开如下图所示的滤镜库。

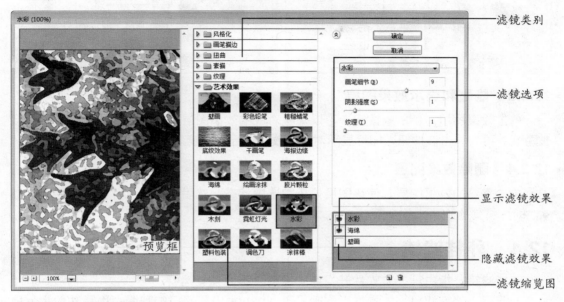

>> 12.3.1　添加效果图层

　　在滤镜库中单击有效图层下方的"新建效果图层"按钮，可以复制当前滤镜，表示当前滤镜分别两次作用于图像。如果在滤镜选择区中选择另外一个滤镜，则表示图像同时应用两个不同的滤镜。

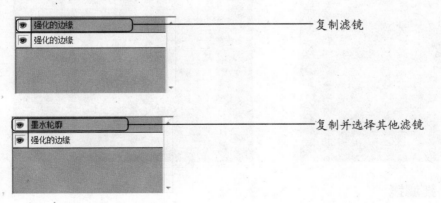

>> 12.3.2　调整效果图层

　　创建多个效果图层并对图像应用不同的滤镜效果后，通过调整效果图层的顺序，可以使图像效果发生相应的变化。在"滤镜库"对话框中，单击需要调整的效果图层，并按住鼠标左键将其拖动到目标位置后释放，即可调整效果图层，同时图像效果也发生相应的变化。

如果滤镜位于滤镜库中，当通过菜单命令选择该滤镜时，系统将自动打开滤镜库。　说明

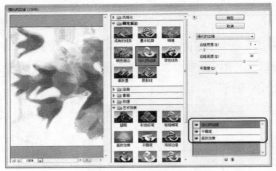

>> 12.3.3 隐藏和显示效果图层

单击效果图层左侧的◉按钮，可以隐藏对应的效果图层，此时相应的滤镜效果也会被隐藏。再次单击该按钮，即可显示对应的效果图层和滤镜效果。

>> 12.3.4 删除效果图层

单击需要的效果图层，使该图层处于被选中状态，然后单击"删除效果图层"按钮🗑，即可将其删除。

12.4 外挂滤镜 ——————————— <<

外挂滤镜是指由第三方软件开发商开发的、不能独立运行、必须依附于Photoshop允许的滤镜。外挂滤镜很大程度上弥补了Photoshop内置滤镜的缺陷，而且功能十分强大，可以很容易地做出许多精美的效果。如下图所示，左边为一幅原始图像，右边为应用外挂滤镜后得到的编织效果。

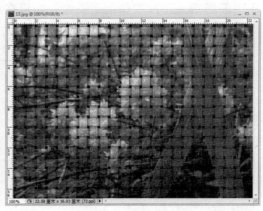

>> 12.4.1 安装外挂滤镜

外挂滤镜的安装方法大同小异，只要按照软件提供的安装说明进行操作即可，安装完成后必须重启Photoshop CS4。外挂滤镜安装后一般都显示在"滤镜"菜单中。

说明 外挂滤镜可以从网上下载，也可以向软件开发商购买。

聪聪，Photoshop CS4安装目录下有一个名为"Plug-ins"的文件夹，该文件夹用于存放滤镜，外挂滤镜必须存放在该文件夹中才可以使用。

>> 12.4.2 使用外挂滤镜

 知识讲解

外挂滤镜的使用和内置滤镜的使用方法不一样，由于是第三方软件，所以不同的外挂滤镜就会有不同的工作界面，而且功能也不相同。

 互动练习

下面练习使用外挂滤镜为图像文件制作水珠效果。

第1步 打开素材图像

依次选择"文件"→"打开"命令，打开素材图像"23.jpg"。

在进行此练习前，用户需要安装"汉EyeCandy4.0"滤镜。

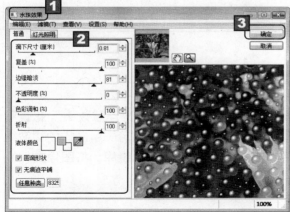

第2步 为图像添加水珠

1 依次选择"滤镜"→"汉EyeCandy4.0"→"水珠效果"命令，打开"水珠效果"对话框。

2 在对话框中根据自己的需要对滤镜的参数进行设置。

3 单击"确定"按钮。

Chapter 12

第3步　查看并存储图像

为图像添加"水珠效果"滤镜后，最终效果如图
所示。

聪聪，你还可以偿试使用其他外挂
滤镜来改变该图像的效果哦！

博士，Photoshop CS4中的滤镜好多啊，我该怎么选择使用哪种滤镜呢？

这个问题问得好。滤镜是对图像进行特效处理时最常用的一种工具，通过滤镜可
为图像添加各种特殊效果，还可模拟艺术效果。在处理图像时，不但能将某个滤
镜单独作用于图像，还可将多种滤镜同时叠加在一个图像上。你大概也发现了，
这一章我们给的"互动练习"很少，主要是因为每个滤镜的使用方法都差不多，
这里主要介绍了各种滤镜的效果及参数，只有了解了这些，才会知道什么时候需
要使用什么滤镜。在处理图像时，准确地选择滤镜能达到事半功倍的效果，但是
这是需要在实践过程中不断积累经验的。

聪聪，知道了吧，你还是得多练习、多使用，这样才能积累到经验！

小机灵说得没错，要想很好地利用滤镜，唯一的方法就是多使用它。另外，也可
以参考一些专门讲解滤镜使用方法的书籍。

12.5　上机练习　　　　　　　　　　　　　　　　　　　　<<

　　本章上机练习一将使用"云彩"滤镜、"分层云彩"滤镜、"浮雕效果"滤镜和
"高斯模糊"滤镜制作出一张具有褶皱感的纸张；练习二将利用练习一所制作的褶皱纸
效果，使用"置换"滤镜，为图像制作褶皱特效；练习三将使用滤镜库，将图像文件制
作成素描效果。制作效果及制作提示如下。

说明　使用滤镜制作效果，首先要清楚各个滤镜能达到什么效果。

练习一　制作褶皱的纸张

1 新建图像文件，按下"D"键，恢复前景色和背景色。

2 为图像文件添加"云彩"滤镜效果。

3 为图像文件添加"分层云彩"滤镜效果。

4 按下"Ctrl+F"组合键，多次添加"分层云彩"滤镜效果。

5 为图像文件添加"浮雕效果"滤镜效果和"高斯模糊"滤镜效果。

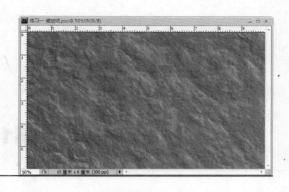

练习二　制作褶皱特效

1 依次选择"文件"→"打开"命令，打开素材图像"05.jpg"。

2 将素材图像"05.jpg"复制到练习一制作的褶皱纸文档窗口中。

3 为图像文件添加"置换"滤镜效果。

4 设置"图层1"的混合模式为"叠加"。

5 使用"裁剪工具"对图像文件进行裁剪。

练习三　制作素描效果

1 打开素材图像"05.jpg"。

2 在滤镜库中为图像添加"干画笔"滤镜效果。

3 在滤镜库中为图像添加"绘图笔"滤镜效果。

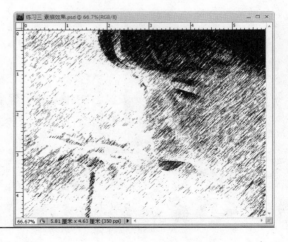

应用滤镜后按"Shift+Ctrl+F"组合键，可在打开的对话框中调整效果明显程度。　**说明**

第13章　动作与批处理图像

- ▣ 播放动作
- ▣ 录制动作
- ▣ 批处理图像
- ▣ 裁切并修正照片
- ▣ 合成图像
- ▣ 限制图像

博士，在图像处理过程中，有许多操作是完全一致的，不过重复的操作有点麻烦，有没有什么方法可以快速重复相同的动作？

聪聪，只需要把相同的操作录制成动作，然后再将动作应用到图层或选区中即可。

动作由多个操作或命令组成，用户可以随意录制动作，也可以调用系统自带的动作。动作为快速、大量处理图像提供了可能。

13.1　动作 ———————————————————— <<

在Photoshop CS4中，动作是指将用户对图像或选区进行的操作录制下来，当需要对其他图像或选区进行相同的操作时，可通过播放录制下来的动作快速创建相同的图像效果。

>> 13.1.1　认识"动作"调板

在"动作"调板中放置了一个"默认动作"组，在其下拉列表框中列出了多个动作，每个动作由多个操作或命令组成。

"默认动作"组　　　　　　　　　动作　　　　　　　　组成动作的操作和命令

 聪聪，单击"默认动作"组左侧的▷按钮，使其呈▽显示时，将展开其隐藏的内容，再次单击▽按钮，将重新隐藏内容。

单击"动作"调板右上角的▤按钮，在弹出的快捷菜单中选择"命令"、"画框"、"图像效果"、"制作"、"文字效果"、"纹理"或"视频动作"命令，可以载入系统自带的其他动作组。

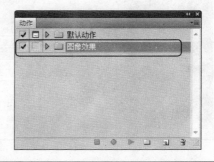

 博士，与其他调板一样，"动作"调板的底部也有一系列的按钮，它们的作用分别是什么呢？

 单击▣按钮，可以停止正在播放的动作；单击●按钮，可以开始记录一个新的动作；单击▶按钮，可以播放当前所选的动作；单击▢按钮，可以新建一个动作组来存放创建的动作；单击▢按钮，可以新建一个动作；单击▤按钮，可以删除当前所选的动作或动作组。

>> 13.1.2 播放动作

 知识讲解

所谓播放动作就是将动作包含的操作或命令连续应用到选择的图像或选区中，具体操作方法如下。

（1）选择动作。

（2）单击"动作"调板底部的"播放"按钮 ▶。

 互动练习

下面练习使用系统自带的动作，将图像文件制作成旧照片效果，然后在图像文件中添加文字效果。

第1步 打开素材图像

依次选择"文件"→"打开"命令，打开素材图像"01.jpg"

> 如果被播放的动作由大量的操作或命令组成，播放过程会花费一定的时间。

第2步 播放动作

1 将"图像效果"动作组添加到"动作"调板中。

2 单击展开"图像效果"动作组，选择"仿旧照片"动作。

3 单击"动作"调板底部的"播放"按钮 ▶。

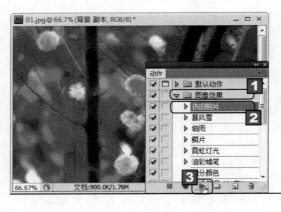

第3步 输入文本

使用"横排文字工具"在图像的左侧输入文本"梅"，字体为"方正行楷简体"，字号为"120点"，颜色为"白色（#ffffff）"。

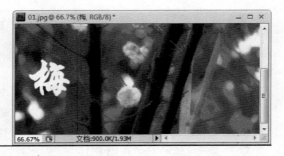

说明 播放动作后，可以在"历史记录"调板中查看播放过程中记录的历史步骤。

第4步 制作文字效果

1 将"文字效果"动作组添加到"动作"调板中，并选择"水中倒影（文字）"动作。

2 单击"播放"按钮 ，为文字添加倒影效果，最终效果如图所示。

>> **13.1.3 录制动作**

知识讲解

Photoshop CS4允许用户自己录制动作，并且可以将录制的动作进行存储。用户还可以根据需要将经常使用的图像效果或编辑操作创建为动作，以便随时进行调用。录制动作的具体操作方法如下。

（1）单击"动作"调板底部的"创建新动作"按钮 ，创建一个动作。

（2）为动作录制操作或命令。

（3）单击"动作"调板底部的"停止播放/记录"按钮 ，完成动作的录制。

互动练习

下面练习为图像制作水印，并将制作过程录制成动作，然后使用录制的动作为其他图像快速添加版权水印。

第1步 打开素材图像

依次选择"文件"→"打开"命令，打开素材图像"02.jpg"。

第2步 输入文字

1 单击工具调板中的"横排文字工具"按钮。

2 设置字体为"方正行楷简体"，设置字号为"120点"，颜色为"#a9a9a9"。

3 输入文字"版权所有"。

第3步　创建新动作组

1 单击"动作"调板底部的"创建新组"按钮 ，弹出"新建组"对话框。

2 在"名称"文本框中输入名称"自定义"。

3 单击"确定"按钮，这样就创建了一个新的动作组。

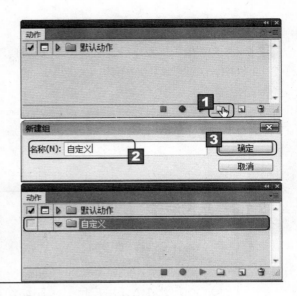

创建新的动作组，是为了将接下来创建的动作存储到该组中；如果不创建新动作组，则创建的动作将存储到"默认动作"组中，这样不便于管理。

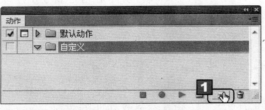

第4步　创建新动作

1 单击"动作"调板底部的"创建新动作"按钮 ，弹出"新建动作"对话框。

2 在"名称"文本框中输入"水印"。

3 单击"记录"按钮，开始录制动作。

单击"新建动作"对话框中的"组"下拉列表框，可以在弹出的下拉列表中选择要存储的组；"功能键"下拉列表框用于设置新建动作的播放快捷键；"颜色"下拉列表框用于设置动作在"动作"调板中的显示颜色。

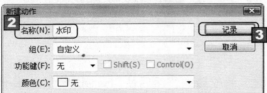

第5步　栅格化文字

1 设置前景色为"白色"，按下"Alt+Delete"组合键，将文字填充成白色。

2 依次选择"图层"→"栅格化"→"文字"命令，将文字图层转换成普通图层。

说明　在动作录制状态下，每一步操作系统都会自动记录下来。

第6步　合并图层

1 将栅格化的图层的不透明度设置为"25%"。

2 按下"Ctrl+E"组合键，合并图层。

3 单击"动作"调板底部的 ■ 按钮，完成动作的录制。

第7步　打开素材图像

1 依次选择"文件"→"打开"命令，打开素材图像"04.jpg"。

2 在文档窗口中输入文本"新手训练营"，设置字体为"隶书"，字号为"100点"，颜色为"黑色"。

第8步　使用水印动作

1 选择录制的"水印"动作。

2 单击"播放"按钮 ▶ ，系统开始自动将录制的操作应用到当前的图像中，如图所示。

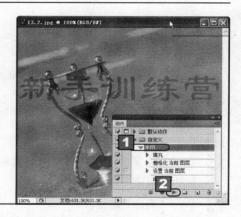

 博士，如果在动作的录制过程中产生了误操作怎么办？那是不是就要从第一步开始重新开始录制呢？

 不是，在录制过程中产生了误操作，是可以纠正的。首先单击■按钮停止录制，然后选择记录的误操作，再单击█按钮即可将其删除，最后再单击●按钮，即可继续录制未完的动作。

13.2　自动化批处理图像　　　<<

Photoshop CS4提供了一些自动处理图像功能，通过这些功能可以同时对多个图像进行处理。

>> 13.2.1　批处理图像

 知识讲解 ▶

　　通过"动作"调板只可以一次对一幅图像使用动作，如果想对多个图像同时使用某个动作，可以通过"批处理"命令来实现，还可以对批处理后的图像进行批量重命名，其具体操作方法如下。

　　（1）依次选择"文件"→"自动"→"批处理"命令，弹出"批处理"对话框。
　　（2）选择需要使用的动作。
　　（3）设置要应用动作的图像所在的文件夹。
　　（4）设置应用动作后图像存储的文件夹。
　　（5）单击"确定"按钮。

互动练习 ▶

　　下面练习使用"批处理"命令同时对多个素材图像使用"木质画框"动作。

第1步　选择文件夹并设置动作

1 依次选择"文件"→"自动"→"批处理"命令，弹出"批处理"对话框。

2 选择"默认动作"组，并选择"木质画框–50像素"动作。

3 单击"选择"按钮。

4 在"浏览文件夹"对话框中选择素材图像所在的文件夹。

5 单击"确定"按钮。

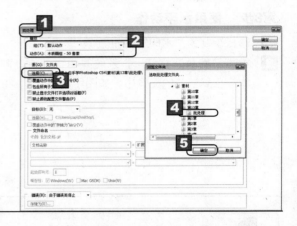

第2步　设置图像存储文件夹

1 单击"目标"下拉列表框右侧的▾按钮，在弹出的下拉列表中选择"文件夹"选项。

2 单击"选择"按钮。

3 在弹出的"浏览文件夹"对话框中选择应用动作后素材图像存储的文件夹。

4 单击"确定"按钮返回"批处理"对话框。

5 单击"确定"按钮。

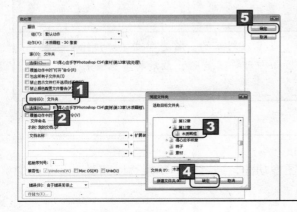

说明　通过"批处理"对话框进行批处理重命名与在Adobe Bridge CS4中批量重命名的方法一样。

第3步 查看处理后的图像

打开软件Adobe Bridge CS4，在"内容"区域中查看使用"批处理"命令后的图像效果，最终效果如图所示。

>> 13.2.2 裁切并修正照片

知识讲解

在同时扫描多幅图片后，需要将每幅图片进行分割并修正，通过Photoshop CS4提供的"裁切并修正照片"命令，即可快速地完成这个操作，其具体操作方法如下。

（1）打开需要处理的图像文档。

（2）依次选择"文件"→"自动"→"裁切并修正照片"命令。

互动练习

下面练习使用"裁切并修正照片"命令快速分割并修正一幅图像中的两个组成部分。

第1步 打开素材图像

依次选择"文件"→"打开"命令，打开素材图像"04.jpg"。该图像文件只有一个背景图层，文档窗口中显示了两幅摆放不规则的图像。

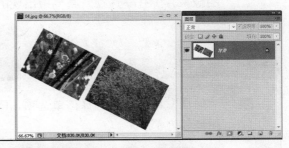

第2步 裁切并分离图像

依次选择"文件"→"自动"→"裁切并修正照片"命令，原素材图像中的两幅图像以副本的形式被单独分离出来。

聪聪，如果要裁切并修正的图像有部分重叠，应先将重叠部分分离，否则，裁切将出现错误。分离重叠部分只需使用绘图工具绘制出重叠部分的选区，然后使用移动工具将选区内的图像拖离重叠区域即可。

执行"裁切并修正照片"命令后不会出现任何提示对话框。 **说明**

>> 13.2.3 合成图像

知识讲解

拍摄照片时，有时无法将需要的景物完全纳入镜头中，这时就可以多次拍摄景物的各个部分，然后通过Photoshop CS4的照片合成功能，将景物的各个部分合成为一幅完整的照片。合成图像的具体操作方法如下。

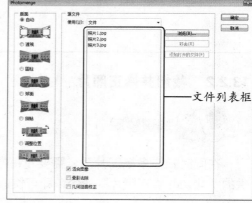

（1）依次选择"文件"→"自动"→"Photomerge"命令，弹出"Photomerge"对话框。

（2）单击"浏览"按钮，在弹出的"打开"对话框中选择要合成的图像。

（3）在"版面"栏中设置照片的合成方式，然后单击"确定"按钮即可。

文件列表框

▣ **文件列表框**：其中列出了需要合成的图像文件。

▣ **"自动"单选项**：选择该单选项，Photoshop CS4将自动对源图像进行分析，然后将选择"透视"或"圆柱"版面对图像进行合成。

▣ **"透视"单选项**：选择该单选项，Photoshop CS4将源图像中的一个图像指定为参考图像来复合图像，然后变换其他图像以便匹配图层的重叠内容。

▣ **"圆柱"单选项**：选择该单选项，Photoshop CS4将在展开的圆柱上显示各个图像来减少在"透视"布局中出现的扭曲现象。

透视合成效果

圆柱合成效果

▣ **"球面"单选项**：选择该单选项，Photoshop CS4将对齐并转换图像，使其映射球体内部。

如果拍摄了一组环绕360度的图像，选择该选项可创建360度全景图。也可以将"球面"与其他文件集搭配使用，产生完美的全景效果。

▣ **"拼贴"单选项**：选择该单选项，Photoshop CS4将对齐图层并匹配重叠内容，同时变换任何源图层。

球面合成效果

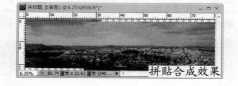
拼贴合成效果

说明　使用"Photomerge"命令合成图像时，被合成的图像之间必须具有重叠部分。

■　**"调整位置"单选项**：单击该单选项，Photoshop CS4将对齐图层并匹配重叠内容，但不会变换任何源图层。

　互动练习

下面练习使用"Photomerge"命令将3个部分的图像合并成一幅具有透视效果的完整的全景图。

第1步　选择合成图像

1　依次选择"文件"→"自动"→"Photomerge"命令，弹出"Photomerge"对话框。

2　单击"浏览"按钮，在弹出的"打开"对话框中选择"全景图"文件夹下的所有文件，然后单击"确定"按钮返回"Photomerge"文件夹。

3　单击"确定"按钮。

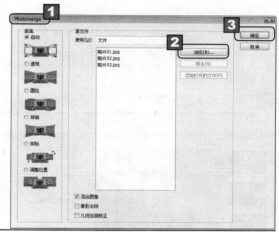

第2步　查看合成的图像

单击"确定"按钮后系统会花费一些时间来进行分析并创建照片，最终生成效果如图所示。

第3步　修剪图像

使用"裁剪工具"裁剪照片的空白区域，最终效果如图所示。

>> 13.2.4　合并到HDR

　知识讲解

使用"合并到HDR"命令，可以将具有不同曝光度的同一景物的多幅图像合成在一起，并在随后生成的HDR图像中捕捉常见的动态范围。

互动练习

下面练习使用"合并到HDR"命令合并成一幅室内效果图。

第1步　选择合并图像

1 依次选择"文件"→"自动"→"合并到HDR"命令，弹出"合并到HDR"对话框。

2 单击"浏览"按钮，在弹出的"打开"对话框中选择"合并到HDR"文件夹下的所有文件。

3 单击"确定"按钮。

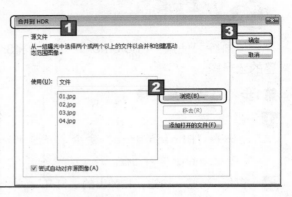

第2步　查看合并过程

系统将自动对照片的曝光度进行分析，并在随后弹出的"合并到HDR"对话框中显示结果，单击"确定"按钮进行最终合并。

第3步　查看合并后的图像

图像在最终合并过程中将显示进度提示对话框，合并完成后得到一个新的图像文档，文档的底部将显示一个改变图像曝光度的滑块。

 拖动新图像文档窗口底部的滑块，可以动态地调整图像的曝光度，向左拖动可降低曝光度，向右拖动可增加曝光度。

说明 合并后的动态图像同时存在几种曝光效果。

>> 13.2.5　限制图像

　　Photoshop CS4提供了快速更改图像尺寸的功能，用户可以根据自己的需要调整图像的大小。首先依次选择"文件"→"自动"→"限制图像"命令，然后在弹出的"限制图像"对话框中指定图像的宽度和高度，最后单击"确定"按钮即可。

 博士，这一章讲的内容都非常有用，但是如果在家里的电脑中录制了一个动作，现在想要将它应用到公司的电脑中，可以吗？如果可以的话该怎么操作呢？

 用户录制的动作可以以文件的形式存储起来，以方便在其他电脑中载入使用。其方法为：选择要存储的动作组，单击"动作"面板右上角的⊟按钮，在弹出的下拉菜单中选择"存储动作"命令，在打开的"存储"对话框中输入文件名并保存，将该文件复制到其他电脑中，最后通过"动作"面板载入即可。

 聪聪，你的水平有了很大的提高啊，连问的问题都越来越专业了！

13.3　上机练习 ————————————————— <<

　　本章上机练习一将使用"文字效果"动作组中的"拉丝金属"动作制作金属文字效果；练习二将使用"合并到HDR"命令将"练习二素材"文件夹下的4个图像文件合并成一个可以调整的动态图像。制作效果及制作提示如下。

练习一　制作金属文字

1 在文档窗口中输入文本"沙漏"。

2 载入"文字效果"动作组。

3 播放"拉丝金属"动作。

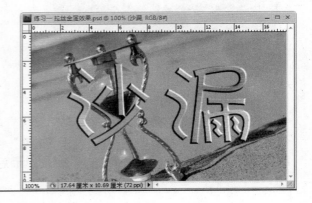

练习二　创建动态图像

1 依次选择"文件"→"自动"→"合并到HDR"命令，弹出"合并到HDR"对话框。

2 选择"练习二素材"文件夹中的所有文件进行动态图像的创建。

说明 使用"合并到HDR"命令创建动态图像时将会花费较长的时间。

第14章 图像的打印与输出

- 色彩校正
- 设置打印内容
- 打印预览

博士，我想把自己设计完成的平面作品打印出来，快告诉我怎样打印吧！

这还不简单，首先将打印机连接到电脑上，然后选择要打印的图像文件，最后像打印Word文档一样进行打印即可。

小机灵说得不错，不过在打印前首先要进行色彩的校正，以免打印出的作品出现偏色等情况。在Photoshop CS4中不仅可以打印整个图像，还可以对图像文件中的区域或图层进行单独打印。

14.1　色彩校正 ———————————————————— <<

在打印图像之前应该对图像进行色彩校正，以防止打印后出现偏色。颜色的校正包括显示器色彩校正、打印机色彩校正和图像色彩校正。

>> 14.1.1　显示器色彩校正

同一个图像文件在不同的显示器屏幕上显示的效果不一致，这就说明显示器偏色，此时用户需要对显示器进行色彩校正。

显示器出现偏色主要有以下两种原因：一是显示器的色彩设置不正确，二是显示器老化受损导致出现偏色。前者只需在显示器面板中重新设置参数，或通过显示器自带的色彩校正软件进行色彩校正，后者则需要将显示器送到维修部门进行维修。

 聪聪，不同的显示器在光线的照射下，也可能导致同一幅图像在不同的时间显示出不同的颜色。

>> 14.1.2　打印机色彩校正

在电脑屏幕上看到的颜色和打印机打印到纸张上的颜色一般不能完全相同，这是因为电脑产生颜色的方式和打印机在纸上产生颜色的方式不同。要让打印机输出的颜色和电脑屏幕上看到的颜色接近，必须要设置好打印机的色彩管理参数并调整彩色打印机的偏色规律。

 博士，这里提到了"设置好打印机的色彩管理参数并调整彩色打印机的偏色规律"，什么是"偏色规律"，又怎样进行设置呢？

 偏色规律是指由于打印机中的墨盒使用时间较长，造成墨盒中的某种颜色偏淡或偏深。设置方法即根据偏色规律换掉在墨盒中的墨粉或更换墨盒。这就需要用户对打印机有清楚的认识，最好请专业人员进行打印机的色彩校正。

>> 14.1.3　图像色彩校正

图像色彩校正主要是指图像设计人员在制作过程中或制作完成后对图像的颜色进行校对。当用户选择了某种颜色，并进行一系列操作后颜色就有可能发生变化，此时需要检查图像的颜色与当时指定的CMYK颜色值是否相同，如果不相同，就需要通过"拾色器"对话框调整图像的颜色。

14.2　设置打印内容 ———————————————— <<

在打印图像前，用户可以根据需要有选择地指定打印内容。打印的内容可以是全图像、图层或区域。

说明　不同型号的显示器的色彩校正软件不一样。

>> 14.2.1 打印全图像

默认情况下，当前图像中的所有可见图层都属于打印范围，所以图像处理完成后不需要进行任何改动即可打印全图像。

>> 14.2.2 打印指定图层

 知识讲解

默认情况下，Photoshop CS4执行打印命令后会打印图像文件中的所有可见图层，如果只需打印部分图层，将不打印的图层隐藏即可。

 互动练习

下面练习设置将某图像的"图层1"作为打印内容，其余图层全部隐藏。

第1步 打开素材图像

依次选择"文件"→"打开"命令，打开素材图像"01.psd"。

 聪聪，该图像文件由多个图层组成，并且都处于可见状态，即系统默认为它们同时被打印。

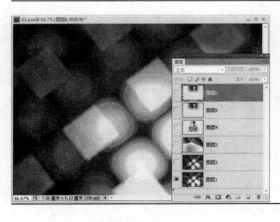

第2步 设置打印内容

单击"图层2"至"图层6"前面的 图标，将其进行隐藏。

 如果按住"Alt"键的同时单击"图层1"前面的 图标，可以快速隐藏除"图层1"外的所有图层。

>> 14.2.3 打印图像区域

在Photoshop CS4中不仅可以打印指定的图层，还可以在图像文件中创建选区进行打印。只需单击工具调板中的"矩形选框工具"按钮，在图像中单击并拖动鼠标，框选需要打印的图像区域，然后执行"打印"命令即可。

为了保证打印的质量，平面设计作品的分辨率应设置在300像素/英寸以上。 说明

博士，能不能使用其他选区工具在图像文件中创建选区进行打印呢？

在Photoshop CS4中，暂时只支持使用"矩形选框工具"在图像文件中创建选区进行打印。

14.3 打印预览 <<

设置打印内容后，可以通过打印预览功能来预览打印效果，以便及时纠正发现的问题。依次选择"文件"→"打印"命令，在弹出的"打印"对话框中用户可以根据实际情况调整图像的位置、大小和出血量等。

>> 14.3.1 纸张设置

依次选择"文件"→"打印"命令，弹出"打印"对话框，在"打印"对话框中单击"页面设置"按钮。在"页面设置"对话框的"大小"下拉列表框中可以选择打印纸张的大小，在"来源"下拉列表框中可以选择用于打印的纸张来源，在"方向"栏中可以设置纸张方向，系统默认选择"纵向"单选项。

>> 14.3.2 打印位置调整

"打印"对话框中的"位置"栏用于设置图像在纸张中的位置，系统默认勾选"图像居中"复选框，这样图像在打印后会位于纸张的中心位置。

取消勾选"图像居中"复选框，用户可以在"顶"和"左"文本框中输入数值，或使用鼠标在预览框中直接拖动图像来调整图像的打印位置。

技巧 按下"Ctrl+P"组合键可以快速打开"打印"对话框。

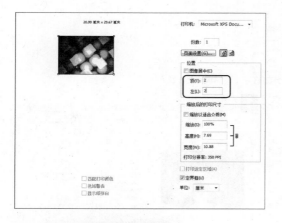
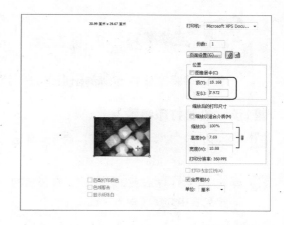

>> 14.3.3 图像大小调整

"打印"对话框中的"缩放后的打印尺寸"栏用于设置预览框中图像的打印大小，勾选"缩放以适合介质"复选框后，预览框中的图像将自动放大或缩小以匹配打印纸张，取消勾选"缩放以适合介质"复选框，在预览框中拖动图像周围的定界框，即可手动调整图像的大小。

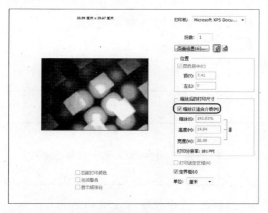
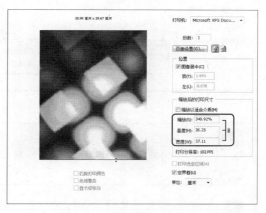

>> 14.3.4 出血量调整

知识讲解

图像文件在打印输出后，为了规范纸张的尺寸，还需要对纸张进行一些裁剪。所以在打印和印刷中规定了出血线，出血线以外的区域就是要被裁剪掉的区域。

博士，我明白出血线是什么了，但是出血量一般设置为多少呢，可以随便设置吗？

出血量一般设置为3mm，但不是所有出血量都设置成3mm，根据产品的不同，出血量设置也不相同。

在"打印"对话框中"缩放"、"高度"、"宽度"文本框中的数值是保持同步变化的。 技巧

互动练习

下面练习将图像打印时的出血量设置为3mm。

第1步　设置打印参数

1 依次选择"文件"→"打印"命令，弹出"打印"文本框。

2 单击 色彩管理 ▼右侧的▼按钮，在弹出的下拉列表中选择"输出"选项。

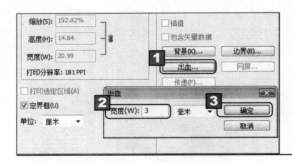

第2步　设置出血量

1 单击"出血"按钮，弹出"出血"对话框。

2 在"宽度"文本框中输入数值"3"。

3 单击"确定"按钮。

 博士，我平时经常打印文档，所以对打印比较熟悉，印刷和打印是一回事儿吗？

 如果要大量地将图像文件以书面的形式展现出来，使用打印的方法就有点力不从心了，此时可以使用印刷的方法。印刷是指通过印刷设备将图像快速、大量输出到纸张等介质上，它是广告设计、包装设计以及海报设计等作品的主要输出方式。印刷分为凸版印刷、凹版印刷、平版印刷、孔版印刷，印刷时还要进行分色和打样。

 我知道彩色的书籍是四色印刷的，就是将图像分为四种颜色，每种颜色印刷一次。

 说得没错。印刷比打印要稍微复杂一些，一般都会交给专门的人员去做，比如印刷厂，所以我们了解一下就可以了。

说明　印刷行业中的所有产品在印刷前都要进行出血量的设置。

14.4　上机练习　　　　　　　　　　　　　　　　　<<

　　本章上机练习一将设置图像文件的打印内容，打印"图层1"和"图层6"中的内容；练习二将设置图像文件的打印参数，包括纸张设置、打印位置调整、图像大小调整和出血量调整。制作效果及制作提示如下。

练习一　打印指定图层

1 依次选择"文件"→"打开"命令，打开素材图像"02.psd"。

2 隐藏除"图层1"和"图层6"以外的所有图层。

3 依次选择"文件"→"打印"命令，打印图像文件。

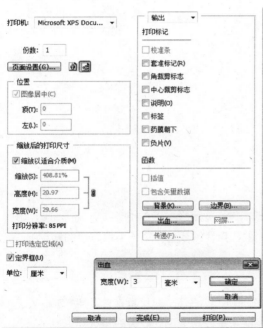

练习二　设置打印参数

1 依次选择"文件"→"打开"命令，打开素材图像"02.psd"。

2 设置纸张方向为"横向"。

3 设置"位置"为"图像居中"。

4 勾选"缩放以适合介质"复选框。

5 设置"出血"为"3毫米"。

Chapter

第15章　平面广告设计

- 平面广告设计分类
- 平面广告设计作用
- 房地产海报招贴设计
- 数码广告设计

博士，Photoshop CS4的基本操作我已经学得差不多了，在平面设计中，Photoshop CS4发挥着巨大的作用，给我们介绍一下这方面的知识吧！

作为专业的设计软件，Photoshop CS4在平面广告设计方面受到了广大设计者的青睐，下面我们就来学习平面广告设计方面的知识吧！

聪聪，现在我们已经从初学者顺利晋级了！

15.1　平面广告设计 ————————————— <<

平面广告行业是20世纪70年代末实行改革开放政策后迅速发展起来的朝阳产业。随着经济的发展，平面广告设计加快了其扩张的步伐。

>> 15.1.1　平面广告的分类

平面广告按照它所承载的媒体可以划分为招贴海报、报纸或杂志广告、户外广告、DM单、POP广告和网页广告等。

- **招贴海报**：也称为宣传画，大多数以图像为中心，配合广告主题和精炼的正文，重视商品图片的创意和标题的制作。
- **报纸广告**：是最传统的平面广告宣传媒体，宣传面广、读者多、宣传效果明显。完整的报纸广告应该包括标题、广告语、说明文字、企业标志、销售地址等元素。
- **杂志广告**：以不同的读者群为对象的平面宣传，刊登在封面或内页，可以长时间保存，复读率高。
- **户外广告**：也称为交通广告，它具有成本低、视觉冲击力强和幅面大等特点，通常在灯箱、车辆、车站和街道墙壁等地方出现。
- **DM单**：俗称小广告，也被称为直邮广告，其针对性较强，效果较好，并且投放灵活。
- **POP广告**：全称为 "Point of Purchase"，也就是销售点广告，具有惊人的传播力，其中包括促销架、POP海报、展台和挂旗等。
- **网页广告**：网页中可以嵌入多种多样的广告，也可以是单一的广告设计专页，具有变动灵活、互动性强、宣传多样和针对性强的特点。

>> 15.1.2　平面广告的作用

平面广告的类型不同，针对的人群不同，其作用也不相同。其中广告的主要作用表现在以下几个方面。

- 引起注意，引起人们的共鸣，增加人们对广告的兴趣，从而提高广告的说服力。
- 利用平面广告激发人们的购买、拥有和参与的欲望。
- 为企业树立一个良好的形象，增加人们的信任感，从而获得长期而稳定的发展。

>> 15.1.3　团队形式

平面广告设计的团队形式主要有公司、工作室、个人和联合等多种形式。

- **公司形式**：该形式的团队可以承担全方位功能，可以处理较复杂、较大的项目，公司的启动资金较高，运用资金比较充裕，诚信度有保障，抗击风险能力也较强大。

- ■ **工作室形式**：该形式的团队可以承担多种设计任务和项目，启动资金较少，运用资金也相对较少，但抗击风险能力相对较弱。
- ■ **个人形式**：该形式可以承担广告宣传与包装设计的项目，启动资金很少，但对个人的综合能力要求较高。
- ■ **联合形式**：该形式的团队常常出现在平面广告宣传与包装设计行业中，平时以公司、工作室和个人方式活动，在项目运行时，灵活地联合在一起，共同完成比较复杂的大型项目。

15.2　房地产海报招贴设计 ———————— <<

随着人们生活水平的提高，城市化进程的加快，房地产行业持续发展，各楼盘开发商加大宣传力度，房地产广告铺天盖地，使人眼花缭乱，这就使得从事房地产广告设计的平面设计人员也越来越多。

>> 15.2.1　设计目标

本案例将设计制作一幅具有中式风格的复古的房地产海报招贴，该招贴由图片和文字构成，除此之外还需要通过强烈的色彩搭配引起观众的注意，从而挑起人们想要认知的欲望。案例最终效果如下图所示。

>> 15.2.2　设计思路

该广告招贴的宣传目的在于介绍该地产的环境，为了这一目的，宜以环境的优雅、宁静作为宣传的重点。在设计中可以着重体现该地产的环境，以及其整体风格，从而打动消费者。在颜色设计方面采用复古的黄色作为主色调，在图片的选择方面可以加入具

说明 在招贴中插入图片的多少应根据实际情况而定。

有中国传统特色的物品（如中国结）。广告版面应体现一种沉稳的风格，广告词要做到精确而不浮夸。

>> 15.2.3　操作步骤

本案例的具体操作步骤可以分为4个阶段进行，分别是制作背景、制作标志、插入图片和输入文本。

1. 制作背景

该招贴的背景是由一个由中心到边缘的径向渐变组成的，径向渐变的中心为文档窗口的右上侧，具体操作方法如下。

第1步　新建图像文件

1 依次选择"文件"→"新建"命令，弹出"新建"对话框。

2 在"名称"文本框中输入"房地产海报设计"。

3 在"宽度"和"高度"文本框中分别输入"10"和"6"，设置图像文件的大小。

4 设置"分辨率"为"300像素/英寸"。

5 单击"确定"按钮。

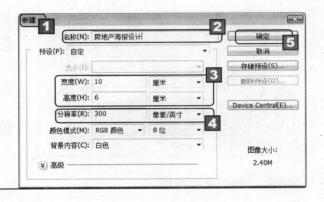

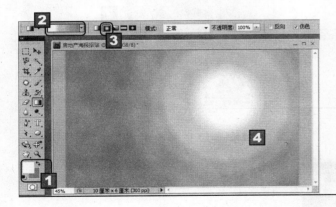

第2步　填充背景

1 设置背景色为"#999966"。

2 选择渐变方式为"前景色到背景色渐变"。

3 单击工具调板中的"渐变工具"按钮，在选项栏中单击按钮，设置填充方式。

4 在文档窗口中单击并按住鼠标进行拖动，填充背景图层。

2. 制作标志

标志是企业的形象，该标志由图案和文字组成，其中图案可以通过路径得到，文字可以通过文字蒙版进行编辑得到，具体操作方法如下。

第1步 新建路径

1 打开"路径"调板，单击调板底部的 "创建新路径"按钮，新建"路径 1"。

2 使用"椭圆工具"在文档窗口中绘制 一个正圆。

3 单击工具调板中的"画笔工具"按钮 ，设置画笔样式为"硬画布蜡笔"， 主直径为"70px"。

4 新建"图层1"，单击"路径"调板底部 的"用画笔描边路径"按钮。

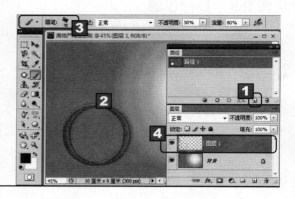

第2步 创建横排文字蒙版

1 单击"横排文字蒙版工具"按钮，并 在文档窗口中单击确定文字的插入点。

2 在选项栏中设置"字体"为"华文行 楷"，"字号"为"24点"。

3 输入文字"江南"。

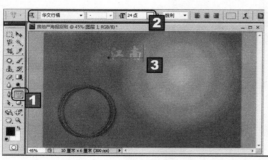

第3步 编辑文字蒙版

1 单击"路径"调板中的"从选区生成工 作路径"按钮，创建文字路径。

2 使用"直接选择工具"对文字路径进 行编辑，并调整其大小。

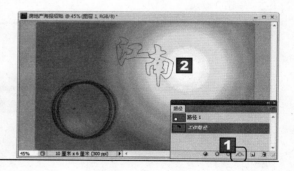

第4步 填充并合并图层

1 单击"路径"调板底部的"将路径作为 选区载入"按钮，将文字路径载入选 区。

2 新建"图层2"，并设置前景色为 "#000000"，然后按下"Alt+Delete" 组合键对选区进行填充。

3 将文本移动到绘制的正圆内。

说明 将文字创建成路径后，可以使用"直接选择工具"对其进行造型。

第5步 合并图层

按下"Ctrl+E"组合键，合并"图层1"和"图层2"，标志制作完成后的效果如图所示。

3. 插入图片

标志创建完成后，文档窗口中的空白区域即为插入图片而预留出来。在编辑图片时，可以适当调整图片的大小，或为图片所在的图层添加蒙版，具体操作方法如下。

第1步 插入图片"01.psd"

1 依次选择"文件"→"打开"，打开素材图像"01.psd"。

2 使用"移动工具" 将素材图像移动到文档窗口中，系统自动创建"图层2"。

第2步 插入其他图片

1 打开素材图像"02.psd"，并使用"移动工具" 将其移动到文档窗口中，系统自动创建"图层3"。

2 打开素材图像"03.psd"，并使用"移动工具" 将其移动到文档窗口中，系统自动创建"图层4"。

按下"Ctrl+Shift+V"组合键可以快速创建只显示选区范围内有图层蒙版的图层。 **技巧**

第3步 添加图层蒙版

1 在"图层"调板中单击"图层4",并单击调板底部的"添加图层蒙版"按钮 ◎ 。

2 单击"渐变工具"按钮 ▣ ,设置渐变方式为"前景色到透明渐变",然后在蒙版上进行拖动。

3 设置"图层4"的不透明度为"50%"。

第4步 调整图像位置

使用"移动工具" ▶ 将"图层4"中的内容移动到文档窗口的最左侧,如图所示。

4. 输入文本

文本在该案例中不仅起到了说明的作用,还起到了美化的作用。可以调整文本的不透明度,使其融入到背景中,也可以将文本进行栅格化,为文本图层添加图层样式,具体操作方法如下。

第1步 输入直排文本

1 单击"直排文字工具"按钮 T ,然后在文档窗口的左侧单击确定插入点。

2 输入文本。

3 设置文字图层的不透明度为"20%"。

> 这里的文本可以随意输入,该文本作为图像的背景。

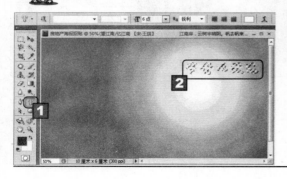

第2步 创建文字蒙版

1 单击"横排文字蒙版工具"按钮 T ,然后在文档窗口中单击确定文本的插入点。

2 输入文本"宁静以致远",然后按下"Enter"键确认输入。

说明 调整文字的不透明度,可以使文字更好地融入到背景中。

第3步　编辑文字路径

1 单击"路径"调板底部的"从选区生成工作路径"按钮 ，创建文字路径。

2 使用"直接选择工具" 选择文本"静"，然后将其放大。

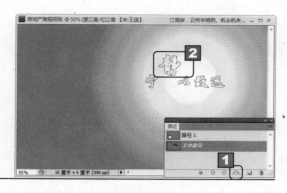

第4步　填充文字路径

1 单击"路径"调板底部的"将路径作为选区载入"按钮 ，将文字路径载入选区。

2 新建"图层5"，并设置前景色为"#997b34"，然后按下"Alt+Delete"组合键进行填充。

第5步　添加图层样式

1 在"图层"调板中单击选中"图层5"，依次选择"图层"→"图层样式"→"描边"命令，弹出"图层样式"对话框。

2 设置描边颜色为"#ffffff"。

3 勾选"投影"复选框，为图层添加投影，增加文字的立体感。

4 单击"确定"按钮。

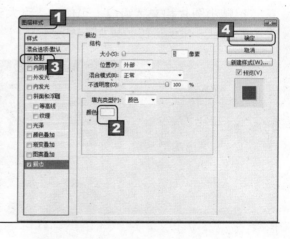

第6步　输入广告词

1 单击"直排文字工具"按钮 ，然后在文档窗口的左上部单击鼠标左键确定输入点。

2 设置字体为"华文隶书"，字号为"12点"。

3 输入文本"远离喧嚣 独享宁静"。

在编辑图像时，可以将不必要的图层进行隐藏，以免产生误操作。 **说明**

第7步　调整图层

1 显示"图层"调板中的所有图层。

2 在"图层"调板中将"图层1"拖动到所有图层的顶部。

15.3　数码广告设计

　　作为IT产业的主力军，数码产品的发展可谓日新月异，过去高不可攀的数码产品已经走下尊贵的看台，进入了千家万户。现如今，各种款式新颖、功能独特的数码产品不断推陈出新，消费者面对琳琅满目的数码产品真是无从下手，此时数码广告起到了重要的作用。

>> 15.3.1　设计目标

　　本案例将制作一幅MP3的广告，MP3是最常见，也是使用人数最多的数码产品。该广告招贴由图片和文字组成，可使消费者大致了解该产品的功能和特点，从而勾起消费者的购买欲。案例最终效果如下图所示。

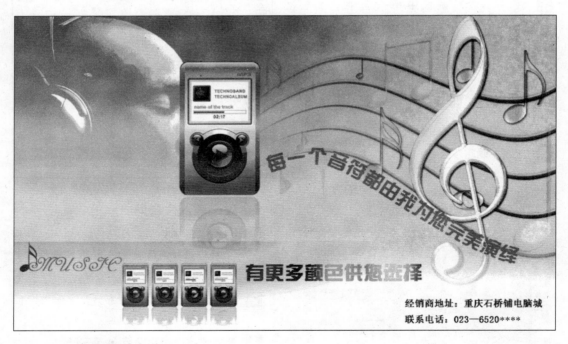

>> 15.3.2　设计思路

　　由于各个厂家的MP3产品在价格上大相径庭，所以不能在价格上做广告。该案例

说明　在设计时，要注意图像色彩的搭配。

以MP3的音质作为宣传的主线，以产品色彩的多元化作为宣传的辅线，在性价比上吸引消费者的眼球。在素材的选择方面，要挑选和该主体相适合的图片。在广告词的设计方面，要做到精确，突出产品的特点。

>> 15.3.3　操作步骤

本案例的具体操作步骤可以分为4个阶段进行，分别是绘制背景、制作标志、插入图片和输入文本。

1．绘制背景

该广告的背景由两个由蓝色到白色的线性渐变组合而成，这样将图片添加到背景中后，可以增加背景的质感，具体操作方法如下。

第1步　新建图像文件

1 依次选择"文件"→"新建"命令，弹出"新建"对话框。

2 在"名称"文本框中输入"数码广告设计"。

3 在"宽度"和"高度"文本框中分别输入"10"和"6"，设置图像文件的大小。

4 设置"分辨率"为"300像素/英寸"。

5 单击"确定"按钮。

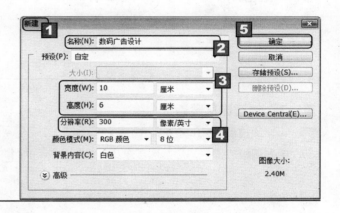

第2步　填充背景

1 设置前景色为"#666699"，背景色为"#ffffff"。

2 选择渐变方式为"前景色到背景色渐变"。

3 单击工具调板中的"渐变工具"按钮■，在选项栏中单击■按钮，设置填充方式。

4 在文档窗口中单击并按住鼠标进行拖动，填充背景图层。

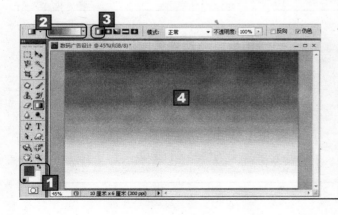

第3步　填充选区

1 单击"矩形选框工具"按钮 ▣，在文档窗口的底部绘制矩形选框。

2 单击"图层"调板中的"创建新图层"按钮，新建"图层1"。

3 单击"渐变工具"按钮 ▣，保持上一次设置不变，对选区进行填充。

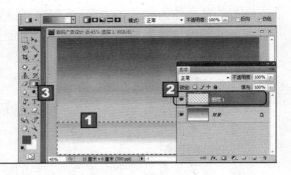

第4步　插入背景图像

1 依次选择"文件"→"打开"命令，打开素材图像"04.jpg"。

2 使用"移动工具" ▸+ 将图像移动到文档窗口中，系统自动创建"图层2"。

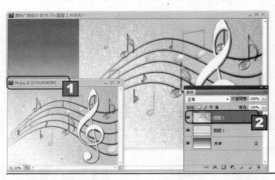

第5步　创建图层蒙版

1 在"图层"调板中单击"图层2"，并单击调板底部的"添加图层蒙版"按钮 ▣。

2 单击"渐变工具"按钮 ▣，并设置渐变方式为"前景色到透明渐变"，然后在蒙版上进行拖动。

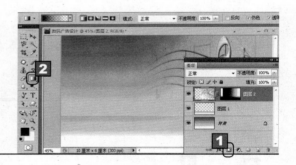

第6步　再次创建图层蒙版

1 在"图层"调板中单击"图层1"，并单击调板底部的"添加图层蒙版"按钮 ▣。

2 使用"渐变工具" ▣ 在与"图层2"重叠的部分进行拖动。

2．制作标志

该标志由文字和图案组成，其中文字可以通过直接输入然后设置字体得到，而图案可以通过路径得到，具体操作方法如下。

技巧 在设计时，可以按下"Ctrl+H"组合键显示参考线。

第1步　输入文本

1 单击工具调板中的"横排文字工具"按钮 **T**，在文档窗口中单击确定插入点。

2 设置"字体"为"AdineKirnberg"，"字号"为"24点"。

3 设置"颜色"为"#996633"。

4 输入文本"MUSIC"。

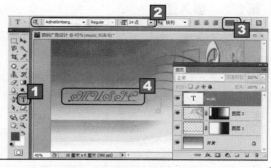

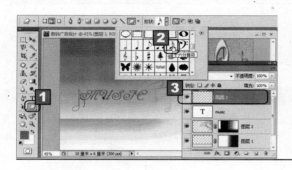

第2步　绘制选区

1 单击"自定义形状工具"按钮 ，在选项栏中单击"路径"按钮 。

2 在"形状"栏中选择"十六分音符"形状。

3 新建"图层3"，然后在新创建的图层中绘制路径。

第3步　填充并编辑选区

1 在"路径"调板中单击"将路径作为选区载入"按钮 。

2 使用任意颜色填充选区，然后在"样式"调板中单击"蓝色玻璃"图标，对选区应用样式。

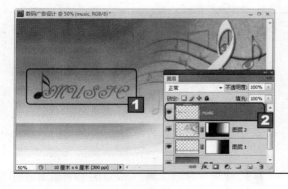

第4步　合并图层

1 选择文字图层，然后依次选择"图层"→"栅格化"→"文字"命令，栅格化文字图层。

2 选择"图层3"，然后按下"Ctrl+E"组合键，将其与文字图层合并。

3. 插入图片

在编辑图片时，可以调整图层的混合模式，或为图片所在的图层添加蒙版，具体操作方法如下。

第1步　插入图片

1 依次选择"文件"→"打开"命令，打开素材图像"05.jpg"。

2 使用"移动工具" ，将图像拖动到文档窗口中，系统自动创建"图层3"。

3 设置"图层3"的混合模式为"变亮"。

第2步　插入图片

1 依次选择"文件"→"打开"命令，打开素材图像"06.psd"。

2 使用"移动工具" ，将图像拖动到文档窗口中，系统自动创建"图层4"。

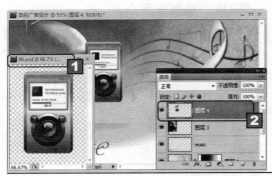

第3步　复制图层

1 在"图层4"上单击鼠标右键，在快捷菜单中选择"复制图层"命令，弹出"复制图层"对话框。

2 单击"确定"按钮，系统自动生成"图层4副本"。

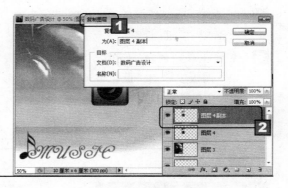

第4步　编辑图层副本

1 设置"图层4副本"的"不透明度"为"20%"。

2 依次选择"编辑"→"变换"→"垂直翻转"命令，将"图层4副本"进行垂直方向上的镜像。

3 使用"移动工具" 对图层的副本进行移动调整。

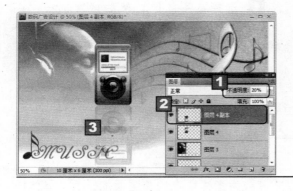

技巧　在设计中可以为图像添加倒影，使图像具有立体感。

第5步 添加图层蒙版

1 在"图层"调板中单击"图层4副本"，并单击调板底部的"添加图层蒙版"按钮 ▣。

2 使用"渐变工具" ▣在"图层4副本"上进行拖动，隐藏图层的下半部分，使其呈现倒影的效果。

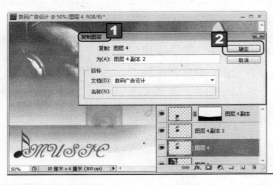

第6步 复制图层

1 在"图层4"上单击鼠标右键，在快捷菜单中选择"复制图层"命令，弹出"复制图层"对话框。

2 单击"确定"按钮，系统自动生成"图层4副本2"。

第7步 调整图片大小

按下"Ctrl+T"组合键，拖动调整框，改变图层副本中图片的大小，并将其移动到文档窗口的底部。

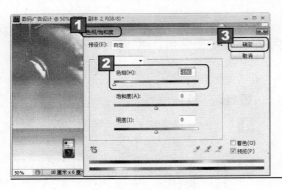

第8步 调整图像的"色相/饱和度"

1 依次选择"图像"→"调整"→"色相/饱和度"命令，弹出"色相/饱和度"对话框。

2 拖动"色相"滑块至"−180"或在其后面的文本框中输入数值"−180"。

3 单击"确定"按钮。

要合并图层，选中后单击鼠标右键，在弹出的快捷菜单中选择"合并图层"命令也可。 **技巧**

第9步 多次复制并调整图层

重复执行以上操作，复制"图层4副本2"，并调整"色相/饱和度"，使其相互之间在颜色上有所区别，最终效果如图所示。

第10步 合并图层

单击选中"图层4副本5"，按下三次"Ctrl+E"组合键，合并图层副本，如图所示。

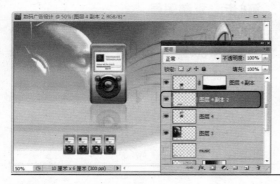

第11步 制作倒影

重复第3步、第4步和第5步操作，为"图层4副本2"制作倒影。

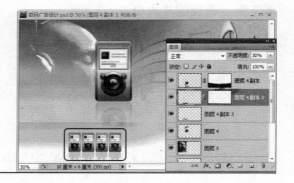

4. 输入文本

该案例中文本主要起到说明作用，将文字图层进行栅格化，可以为文字添加渐变效果，具体操作方法如下。

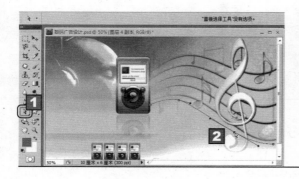

第1步 绘制路径

1 单击工具调板中的"钢笔工具"按钮，在文档窗口中绘制曲线路径。

2 使用"直接选择工具"对路径进行编辑，使路径呈曲线显示。

说明 为了方便文字之间的调整，可以采用输入点文字来实现。

第2步　沿路径输入文本

1 单击"横排文字工具"按钮 T ，在路径上单击，确定文字插入点。

2 设置字体为"经典综艺体简"，字号为"10点"。

3 设置颜色为"#996633"。

4 输入文本"每一个音符都由我为您完美演绎"。

第3步　输入文本

1 单击"横排文字工具"按钮 T ，在文档窗口的底部单击，确定文字插入点。

2 设置"字体"为"经典综艺体简"，字号为"10点"。

3 设置颜色为"#996633"。

4 输入文本"有更多颜色供您选择"。

第4步　栅格化文本

依次选择"图层"→"栅格化"→"文字"命令，将上一步操作输入的文本栅格化。

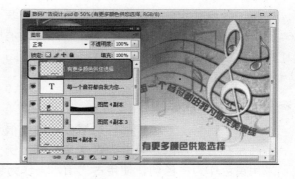

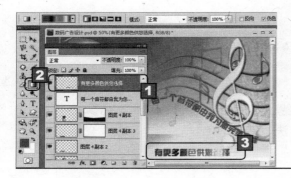

第5步　为文字填充渐变色

1 按住"Ctrl"键，同时单击栅格化的文字图层，使文字载入选区。

2 单击"渐变工具"按钮 ，设置渐变方式为"色谱"。

3 在文字选区上按住鼠标左键进行拖动，使用渐变色填充文字，然后按下"Ctrl+D"组合键取消选择。

第6步 输入文本

在文档窗口的底部输入经销商地址和联系电话等信息，最终效果如图所示。

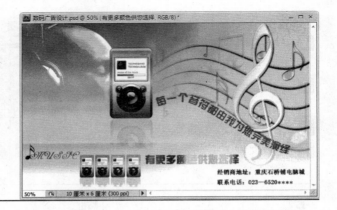

15.4 产品包装设计 ————— <<

包装是构成商品的重要组成部分，是实现商品价值和使用价值的手段；是沟通生产者、商品与消费者之间的桥梁。精美的外观不仅可以体现企业的形象，还可以获得消费群体的青睐，从而达到提升销售量的效果。

>> 15.4.1 设计目标

本案例将制作一个酒的包装，酒的消费对象为广大的消费者，而且酒类产品非常多样化，所以在设计产品包装时，要注意包装的精美、超前、有较强的视觉冲击力，给消费者留下深刻的印象。案例最终效果如右图所示。

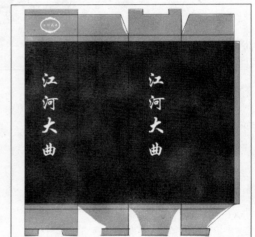

>> 15.4.2 设计思路

由于市场上酒类产品种类繁多，因此很多商家都会在酒的包装上大做文章。该案例采用黄色作为主色调，使用古代山水画作为包装的背景，不仅突出了产品的历史久远，还使得包装更精美。

>> 15.4.3 操作步骤

本案例的具体操作步骤可以分为4个阶段进行，分别是划分版式、绘制背景、制作标志和输入文本。

1. 划分版式

划分版式前可以创建水平和垂直参考线，然后使用"钢笔工具"沿参考线绘制选区，最后对选区进行填充即可，具体操作方法如下。

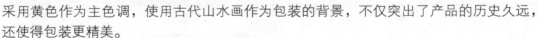

说明 常见的包装设计有瓶包装、罐包装、纸袋包装、盒包装和手提袋包装等。

第1步　新建图像文件

1 依次选择"文件"→"新建"命令，弹出"新建"对话框。

2 在"名称"文本框中输入"产品包装设计"。

3 在"宽度"和"高度"文本框中分别输入"10"和"6"，设置图像文件的大小。

4 设置"分辨率"为"300像素/英寸"。

5 单击"确定"按钮。

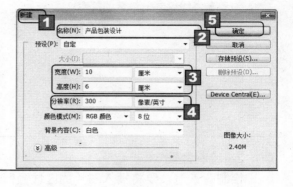

第2步　创建参考线

1 按下"Ctrl+R"组合键，在文档窗口的顶部和左侧显示出垂直和水平标尺。

2 在垂直标尺上按住鼠标左键向右拖动，生成5条垂直参考线，如图所示。

3 在水平标尺上按住鼠标左键向下拖动，生成8条水平参考线，如图所示。

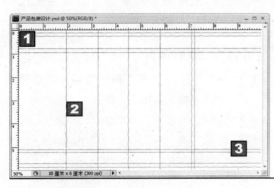

第3步　绘制选区

1 单击"钢笔工具"按钮，在文档窗口中沿参考线绘制路径。

2 单击"路径"调板中的"将路径作为选区载入"按钮，创建选区。

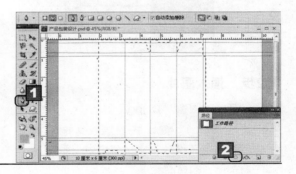

第4步　填充选区

1 单击"图层"调板中的"创建新图层"按钮，新建"图层1"。

2 设置前景色为"#cc9966"。

3 按下"Alt+Delete"组合键对选区进行填充。

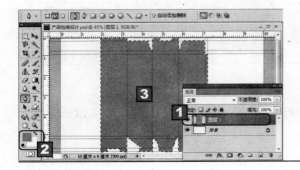

创建参考线时，要注意各个版面的比例。　说明

319

第5步 绘制轮廓

新建"图层2",然后单击"铅笔工具"按钮 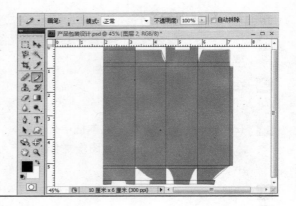 ,沿着参考线绘制出包装的轮廓。

2. 绘制背景

绘制背景时,要将插入图片的区域预留出来,插入图片后要设置图层的混合模式和不透明度,具体操作方法如下。

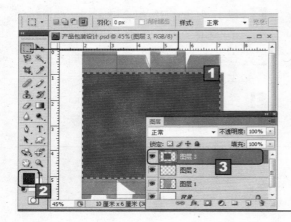

第1步 绘制选区

1 单击"矩形选框工具"按钮,在包装的轮廓上绘制选区。

2 设置前景色为"#8f4c04"。

3 新建"图层3",按下"Alt+Delete"组合键填充选区。

第2步 插入图片

1 打开素材图像"15.jpg"。

2 按住"Ctrl"键,将图像素材拖动到"产品包装设计"文档窗口中,系统自动创建"图层4"。

3 设置"图层4"的混合模式为"正片叠底",不透明度为"50%"。

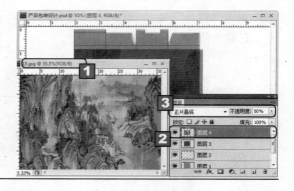

3. 制作标志

该标志由文字和图形组成,文字可以通过文字输入工具得到,而图形可以通过自定义形状工具得到,其具体操作方法如下。

说明 在绘制过程中,要注意调整图层的顺序。

第1步　输入文字

1 单击"横排文字工具"按钮 T 。

2 设置字体为"方正行楷简体"，字号为"12点"。

3 设置颜色为"#ffffff"。

4 输入文本"江河大曲"。

第2步　绘制选区

1 单击"自定义形状工具"按钮，然后在选项栏中单击"填充像素"按钮。

2 在形状下拉列表中选择形状"边框4"。

3 新建"图层5"，在图层中绘制形状，如图所示。

第3步　合并图层

按下"Ctrl+E"组合键，合并"图层5"和文字图层，并将标志移动到包装的左上部，最终效果如图所示。

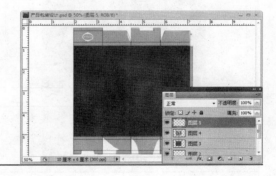

4. 输入文本

输入文本时，首先使用"直排文字工具"进行输入，然后对文字图层进行复制并移动，具体操作方法如下。

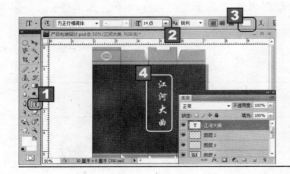

第1步　输入文字

1 单击"直排文字工具"按钮。

2 设置字体为"方正行楷简体"，字号为"14点"。

3 设置颜色为"#ffffff"。

4 输入文本"江河大曲"。

元素的重复次数可以根据版面自由决定，但不能滥用，以免版面失去平衡感。　**说明**

第2步 复制图层

复制文字图层，并将其移动到产品包装的左侧，效果如图所示。

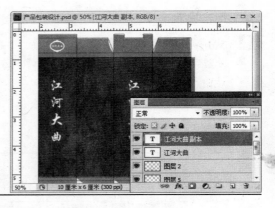

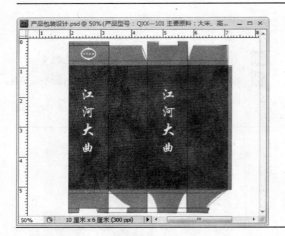

第3步 输入文本

使用文字输入工具在产品包装上输入相关信息，如生产原料、生产厂家和联系电话等。

 通过这几个例子的练习，我有了很大的提高，能综合运用前面所学的知识了。不过我对平面设计还不是特别了解，在使用Photoshop CS4绘制平面广告海报时怎样确定应使用哪种分辨率呢？

 这个与行业有关，首先应确定广告用于哪种媒介，若是用于大型的喷绘作业中，分辨率应设置为300像素/英寸，若只是用于打印看样，150像素/英寸就已经足够了。值得注意的是，分辨率越大，相应生成的图像所占空间就越大，在处理过程中速度则会相应地慢一些。聪聪，你学得很快，善于提问又爱动手，真不错！

 聪聪，你真行，看来我得向你学习了！

15.5 上机练习 ——————————————— <<

　　本章上机练习一设置某医院的报纸广告，广告的背景将手动绘制，文字通过"横排文字工具"输入；练习二设计某楼盘的DM单广告。制作效果及制作提示如下。

说明 为了提高初学者的设计水平，在设计前可以对优秀的设计作品进行分析学习。

练习一 制作医院报纸广告

1 使用"矩形选框工具"和"渐变工具"绘制背景。

2 使用"文字工具"和"矩形工具"制作标志。

3 结合参考线,使用图层蒙版对图片进行编辑。

4 使用"横排文本工具"输入文本。

练习二 制作楼盘DM单

1 使用"渐变工具"填充背景图层。

2 利用"矩形工具"手动绘制装饰线和区位图,并对其进行填充。

3 为图层添加图层蒙版处理图像。

4 输入说明性质的文本。

反侵权盗版声明

电子工业出版社依法对本作品享有专有出版权。任何未经权利人书面许可，复制、销售或通过信息网络传播本作品的行为；歪曲、篡改、剽窃本作品的行为，均违反《中华人民共和国著作权法》，其行为人应承担相应的民事责任和行政责任，构成犯罪的，将被依法追究刑事责任。

为了维护市场秩序，保护权利人的合法权益，我社将依法查处和打击侵权盗版的单位和个人。欢迎社会各界人士积极举报侵权盗版行为，本社将奖励举报有功人员，并保证举报人的信息不被泄露。

举报电话：(010)88254396；(010)88258888
传　　真：(010)88254397
E－mail：dbqq@phei.com.cn
通信地址：北京市万寿路173信箱
　　　　　电子工业出版社总编办公室
邮　　编：100036